Superbonus 110%

La guida passo passo per ristrutturare la tua casa con il massimo risparmio

Aggiornata con la Legge di Bilancio 2023

Quinta edizione

Silvia Contini

*A mio papà Emilio, per il grande supporto che mi ha dato
nella stesura di questo manuale*

Sommario

Il tuo regalo

Per ringraziarti del tuo acquisto, ti offriamo l'ingresso gratuito al nostro sito web associato, esclusivo per i lettori di *Superbonus 110%*.

Iscrivendoti al sito riceverai contenuti gratuiti e avrai tutte le future versioni del libro aggiornate in formato pdf.

Scannerizza il QR code qui sotto per ottenere l'accesso immediato gratuito.

Novità della Quinta edizione

Questa nuova edizione contiene gli aggiornamenti introdotti alla normativa Superbonus con la Legge di Bilancio 2023 (Legge n.197/2022), pubblicata in Gazzetta Ufficiale il 29 dicembre 2022.

Le novità di maggior rilievo introdotte con la Legge di Bilancio in tema di bonus edilizi riguardano:

- Nuove scadenze Superbonus e variazione percentuali di detrazione (CILA-S)
- Bonus mobili
- Bonus barriere architettoniche
- Case green
- Mutui

Vogliamo spendere due parole in questa sezione per vedere in cosa consistono le novità introdotte, in quanto nel resto del manuale ci si soffermerà solo su Superbonus e bonus barriere architettoniche.

CILA-S

È stata prorogata la data di presentazione della CILA-S al 31 dicembre 2022, per consentire ai condomìni di poter beneficiare del Superbonus al 110% ancora per l'anno 2023. Condizione necessaria è la presenza della delibera assembleare approvata entro il 18 novembre 2022, data della pubblicazione ufficiale del dl Aiuti quater 176/2022. Si vedano all'interno del manuale le varie casistiche introdotte.

Bonus mobili

Il bonus mobili è stato prorogato per gli anni 2023 e 2024 con una riduzione del taglio inizialmente previsto. La Legge di Bilancio 2022 aveva infatti annunciato una soglia di spesa per l'anno 2023 di euro 5.000 (era 10.000 euro nel 2022). Con la modifica la soglia è stata innalzata, per il solo 2023, a 8.000 euro.

La detrazione è applicabile per l'acquisto di mobili e di elettrodomestici di grandi dimensioni di determinate classi energetiche. È confermata la condizione che per gli acquisti effettuati nel 2023, il bonus dovrà essere agganciato a interventi di recupero del patrimonio edilizio iniziati a partire dal 1° gennaio dell'anno precedente a quello dell'acquisto.

Bonus barriere architettoniche

È stata prorogata di tre anni la detrazione del 75% per gli interventi con cui si eliminano le barriere architettoniche. Il bonus barriere architettoniche al 75% si applicherà quindi per le spese documentate sostenute fino al 31 dicembre 2025.

Per le deliberazioni dei lavori in assemblea di condominio è necessaria una maggioranza che rappresenti un terzo del valore millesimale dell'edificio.

Case green

È stato introdotto un nuovo bonus case green. L'agevolazione è pari alla detrazione del 50% dell'IVA per l'acquisto di abitazioni di classe energetica A o B, comprate direttamente dalle imprese costruttrici, entro il 31 dicembre 2023.

L'imposta dovuta sul corrispettivo d'acquisto è ripartita in dieci quote costanti nell'anno in cui sono state sostenute le spese e nei nove periodi d'imposta successivi.

Mutui

Ritorna la possibilità di rinegoziare il proprio mutuo da tasso variabile a tasso fisso. Tale richiesta potrà essere fatta sui mutui ipotecari in origine non superiore a 200.000 euro e per chi ha un Isee al momento della richiesta non superiore ai 35.000 euro e che non abbia avuto dei ritardi nei pagamenti delle rate.

In questa nuova edizione si parlerà inoltre della **Circolare AdE 33/E** (6 ottobre 2022) e del **Decreto Aiuti quater** (18 novembre 2022); quest'ultimo aveva anticipato proroghe e variazioni della percentuale di detrazione del Superbonus. La sua conversione in Legge 6/2023 (13 gennaio 2023) ha introdotto delle modifiche al decreto-legge stesso.

La circolare 33/E fornisce, invece, chiarimenti sulla cessione dei crediti ai "correntisti" e precisa ulteriormente in merito agli "indici di diligenza", già elencati nella circolare 23/E dello scorso giugno, nonché rende specifiche indicazioni a seguito delle modifiche apportate al Superbonus dal decreto Aiuti. Inoltre, presenta istruzioni per la gestione di eventuali errori nella comunicazione per l'esercizio delle opzioni di sconto in fattura e cessione del credito.

È stato aggiunto infine il paragrafo 6.8 relativo all'Iva al 10% e ai beni significativi.

Introduzione

L'introduzione del Superbonus rappresenta una sfida coraggiosa da parte del governo italiano che intende, con una sola, ambiziosa manovra, ottenere una serie di risultati fondamentali per affrontare una crisi ormai in atto da anni, acuita ulteriormente dall'avvento della pandemia portata dal virus COVID-19.

Il Superbonus consiste nella possibilità, offerta ai contribuenti, di ristrutturare la propria abitazione sfruttando un incentivo statale che copre le spese dei lavori regalando una detrazione fiscale pari al 110% dell'ammontare delle spese stesse.

La ristrutturazione e la valorizzazione del patrimonio edilizio porteranno infatti molteplici benefici, sia a livello dei singoli contribuenti, che vedranno aumentare sensibilmente il valore dei loro immobili ed avranno in futuro bollette più leggere, sia a livello delle imprese che eseguiranno i lavori, che vedranno il proprio fatturato subire una salutare impennata. E non dimentichiamo da ultimo la riduzione dell'inquinamento legata alle minori emissioni derivanti dalla riduzione dei consumi per il riscaldamento degli edifici.

Questa imponente manovra mette in gioco enormi investimenti ed è normale che richieda al contribuente che intende sfruttarla, un iter burocratico particolare, che attraversa una serie di asseverazioni e di dichiarazioni di conformità dei lavori e dei progetti nel corso della ristrutturazione dell'edificio. Le figure professionali coinvolte sono molteplici e devono essere perfettamente coordinate affinché tutti i lavori si svolgano all'insegna dell'efficienza e della correttezza. Ogni fase di lavoro deve essere perfettamente controllabile e la congruità delle spese sostenute deve essere dimostrabile in ogni caso.

Ne consegue che il Superbonus presenta un iter esecutivo particolarmente articolato, con dei requisiti più stringenti delle precedenti forme di incentivo (bonus casa, bonus facciate etc.) ed è composto da una varietà di fasi e di attività che possono non risultare chiare ad un primo approccio. Inoltre, il governo, recependo il feedback dei contribuenti e dei professionisti del settore, ha aggiustato in corso d'opera l'insieme delle regole e dei requisiti che stanno alla base dell'incentivo.

Questo libro fa riferimento alla normativa più recente e si basa solo su quanto stabilito dai vari Ministeri preposti alla stesura del Superbonus di concerto con l'ENEA e l'Agenzia delle Entrate, che ha fissato le regole operative. Gli articoli ed i commi essenziali delle leggi sono stati riportati e spiegati in maniera semplice ove se ne vedeva dubbia l'interpretazione da parte dei non addetti ai lavori.

I vari dubbi e le casistiche speciali riferite all'applicabilità o meno del Superbonus sono stati affrontati solo quando hanno avuto risposte ufficiali da parte degli organismi governativi sotto forma di istanze di interpello o di pubblicazioni di FAQ da parte dell'Agenzia delle Entrate.

In sostanza questo libro rappresenta una guida passo a passo verso la realizzazione di un traguardo impossibile fino a pochissimo tempo fa: ristrutturare la propria abitazione ottenendo da parte dello Stato un beneficio fiscale pari al 110% dell'ammontare della spesa sostenuta. Beneficio che può essere ceduto a chi realizza l'opera, o usato per ottenere un finanziamento da parte di un istituto di credito, arrivando virtualmente a ristrutturare a costo zero.

1. Superbonus 110%: che cos'è

Il Superbonus è stato introdotto con l'articolo 119 del Decreto Rilancio (DL 34/2020). Si tratta di un beneficio fiscale che spetta a fronte del sostenimento delle spese relative a specifici interventi finalizzati alla riqualificazione energetica e alla adozione di misure antisismiche degli edifici.

La normativa, nell'ambito del Superbonus, ha introdotto due categorie di interventi, chiamandoli "trainanti" e "trainati", che possono essere effettuati su edifici residenziali condominiali, unifamiliari e relative pertinenze. La regola è che deve essere realizzato almeno uno degli interventi "trainanti" per poter poi realizzare anche uno o più degli interventi "trainati"[1].

Nell'ambito degli **interventi "trainanti"** finalizzati all'efficienza energetica, il Superbonus spetta per le spese sostenute per:

- **interventi di isolamento termico delle superfici opache verticali, orizzontali e inclinate** che interessano l'involucro degli edifici, con un'incidenza superiore al 25% della superficie disperdente lorda dell'edificio medesimo;

- **la sostituzione negli edifici condominiali degli impianti di climatizzazione invernale esistenti con impianti centralizzati** per il riscaldamento, il raffrescamento o la fornitura di acqua calda sanitaria a condensazione, a pompa

---

[1] Indicati nei commi 1 e 4 dell'articolo 119 del decreto Rilancio, (cd. interventi "trainanti") nonché ad ulteriori interventi, realizzati congiuntamente ai primi, (cd. interventi "trainati"), indicati nei commi 2, 5, 6 e 8 del medesimo articolo 119.

di calore, compresi gli impianti ibridi o geotermici, anche abbinati all'installazione di impianti fotovoltaici e relativi sistemi di accumulo, con impianti di microcogenerazione o con impianti a collettori solari;

- **la sostituzione negli edifici unifamiliari degli impianti di climatizzazione invernale esistenti** con impianti per il riscaldamento, il raffrescamento o la fornitura di acqua calda sanitaria a condensazione, a pompa di calore, compresi gli impianti ibridi o geotermici, anche abbinati all'installazione di impianti fotovoltaici e relativi sistemi di accumulo, con impianti di microcogenerazione o con impianti a collettori solari.

Si fa presente che, sono agevolabili, purché rispondenti alle caratteristiche tecniche previste, gli interventi finalizzati alla trasformazione degli impianti individuali autonomi in impianti di climatizzazione invernale centralizzati con contabilizzazione del calore e quelli finalizzati alla trasformazione degli impianti centralizzati per rendere applicabile la contabilizzazione del calore, mentre è esclusa la trasformazione dell'impianto di climatizzazione invernale da centralizzato ad autonomo[2].

Tra gli **interventi "trainati"** rientrano, invece, quelli di efficientamento energetico (previsti dall'Ecobonus)[3], nei limiti di detrazione o di spesa previsti per ciascun intervento, quali, tra gli altri, l'acquisto e posa in opera di finestre comprensive di infissi, le schermature solari, la building automation, etc.

---

[2] Come confermato dalla circolare n. 19/E del 2020 e come riportato al punto 10 dell'Allegato A del decreto requisiti 6 agosto 2020.
[3] Disciplinati dall'articolo 14 del decreto-legge n. 63 del 2013.

La maggiore aliquota, pari al 110%, si applica solo se gli **interventi "trainati" sono eseguiti congiuntamente ad almeno uno degli interventi "trainanti"** di isolamento termico dell'edificio o di sostituzione degli impianti di climatizzazione invernale e sempreché assicurino, nel loro complesso, **il miglioramento di due classi energetiche** oppure, ove non possibile[4], il conseguimento della classe energetica più alta e **a condizione che gli interventi siano effettivamente conclusi**.

Il salto di classe energetica deve essere dimostrato mediante l'attestato di prestazione energetica (A.P.E.)[5], prima e dopo l'intervento, che deve essere rilasciato da un tecnico abilitato nella forma della dichiarazione asseverata.

È stato inoltre chiarito che la condizione richiesta dalla norma che gli interventi "trainati" siano effettuati congiuntamente agli interventi "trainanti" ammessi al Superbonus, si considera soddisfatta se *"le date delle spese sostenute per gli interventi trainati, sono ricomprese nell'intervallo di tempo individuato dalla data di inizio e dalla data di fine dei lavori per la realizzazione degli interventi trainanti"*.[6] Ciò implica che, ai fini dell'applicazione del Superbonus, le spese sostenute per gli interventi "trainanti" devono essere effettuate nell'arco temporale di vigenza dell'agevolazione, mentre le spese per gli interventi "trainati" devono essere sostenute nel periodo di vigenza dell'agevolazione e nell'intervallo di tempo tra la data di inizio e la data di fine dei lavori per la realizzazione degli interventi "trainanti".

---

[4] In quanto, come precisato nella circolare n. 24/E del 2020, l'edificio o l'unità immobiliare è già nella penultima (terzultima) classe.

[5] Di cui all'articolo 6 del decreto legislativo 19 agosto 2005, n. 192.

[6] Circolare n. 24/E del 2020.

Ai fini dell'accesso alla detrazione, gli interventi "trainanti" finalizzati all'efficienza energetica, nonché quelli "trainati", devono **rispettare i requisiti minimi previsti dai relativi decreti**[7], come si vedrà successivamente nel capitolo 8.

Se l'edificio è sottoposto ad almeno uno dei vincoli previsti dal codice dei beni culturali e del paesaggio[8], o gli interventi "trainanti" sono vietati da regolamenti edilizi, urbanistici e ambientali, la detrazione si applica a tutti gli interventi "trainati", anche se non eseguiti congiuntamente ad almeno uno degli interventi "trainanti", fermo restando il rispetto dei requisiti minimi previsti e il miglioramento di almeno due classi energetiche, ovvero, se ciò non sia possibile, il conseguimento della classe energetica più alta.

Nell'ambito degli **interventi "trainanti"**, il Superbonus spetta, infine, a fronte del sostenimento delle spese per interventi di **messa in sicurezza statica delle parti strutturali di edifici nonché di riduzione del rischio sismico degli edifici stessi**[9]. Si tratta, in particolare, degli interventi realizzati su edifici ubicati nelle zone sismiche 1, 2 e 3[10]. Gli interventi ammessi sono quelli relativi all'adozione di misure antisismiche con particolare riguardo

---

[7] Decreti di cui al comma 3-ter dell'articolo 14 del decreto-legge 4 giugno 2013, n. 63, convertito, con modificazioni, dalla legge 3 agosto 2013, n. 90 e decreto del Ministro dello sviluppo Economico di concerto con il Ministro dell'Economia e delle Finanze, il Ministro dell'Ambiente e della Tutela del Territorio e del Mare ed il Ministro delle Infrastrutture e dei Trasporti 6 agosto 2020 (Decreto Requisiti Ecobonus).

[8] Di cui al decreto legislativo 22 gennaio 2004, n. 42.

[9] Ai sensi del comma 4 dell'articolo 119 del decreto Rilancio e ai sensi dei commi da 1-bis a 1-septies dell'articolo 16 del decreto-legge n. 63 del 2013 (cd. sismabonus).

[10] Di cui all'ordinanza del Presidente del Consiglio dei ministri n. 3274 del 20 marzo 2003, pubblicata nel supplemento ordinario n. 72 alla Gazzetta Ufficiale n. 105 dell'8 maggio 2003.

all'esecuzione di opere per la messa in sicurezza statica, in particolare sulle parti strutturali degli edifici o complessi di edifici collegati strutturalmente. Si tratta quindi di un'estensione del già esistente Sismabonus.

È stato precisato, inoltre, che gli interventi "trainanti" ammessi all'agevolazione Superbonus possono astrattamente rientrare anche tra quelli di riqualificazione energetica e tra quelli di recupero del patrimonio edilizio (cd. Ecobonus). In considerazione della possibile sovrapposizione degli incentivi, il contribuente potrà avvalersi, per le medesime spese, di una sola delle predette agevolazioni, rispettando gli adempimenti specificamente previsti in relazione alla stessa.

Fatta salva quindi l'impossibilità di fruire di più agevolazioni sulle medesime spese, qualora sull'edificio si attuino interventi riconducibili a diverse fattispecie agevolabili, è possibile fruire delle corrispondenti detrazioni a condizione che siano distintamente contabilizzate le spese riferite ai diversi interventi.

Il limite di spesa ammesso alla detrazione è annuale e riguarda il singolo immobile e le relative pertinenze.

Va, infine, rilevato che, anche con riferimento alle agevolazioni appena indicate, nel caso in cui i predetti interventi comportino **l'accorpamento di più unità abitative o la suddivisione in più immobili di un'unica unità abitativa,** per l'individuazione del limite di spesa, vanno considerate le unità immobiliari censite in Catasto all'inizio degli interventi edilizi e non quelle risultanti alla fine dei lavori.

1.1. Vantaggi per il cittadino

Grazie al Superbonus i cittadini possono ristrutturare la propria casa a costo quasi zero. Possono scegliere se utilizzare direttamente la detrazione al 110%, pagando meno tasse e recuperando in cinque anni più di quanto hanno speso (in quattro anni per le spese sostenute dal 1° gennaio 2022), o cedere il credito d'imposta a terzi, ottenendo subito liquidità. Il cittadino può anche decidere di esercitare l'opzione dello sconto in fattura da parte del fornitore degli interventi di efficientamento, effettuando in genere i lavori senza alcun esborso monetario.

Il cittadino che abita in un condominio, o in un edificio composto da due a quattro unità immobiliari distintamente accatastate possedute da un unico proprietario o in comproprietà tra più persone fisiche, potrà godere del Superbonus per tutti gli interventi di efficientamento energetico sulle parti comuni (interventi trainanti) che danno diritto alla detrazione al 110%. L'esecuzione di almeno un intervento trainante dà diritto ad effettuare anche gli altri interventi di efficientamento energetico, sia **sulle parti comuni** che su ogni **singola unità immobiliare**.

Il cittadino che abita in un edificio unifamiliare, o in unità immobiliari site all'interno di edifici plurifamiliari funzionalmente indipendenti e dotate di uno o più accessi autonomi, potrà invece godere del Superbonus per tutti gli interventi che danno diritto alla detrazione al 110% (interventi trainanti) ed effettuare tutti gli altri interventi trainati sulla sua singola abitazione.

Tra gli interventi ammessi al Superbonus rientrano infine l'installazione di **impianti fotovoltaici** (anche sulle pertinenze dell'edificio), eventualmente associati a **sistemi di accumulo** e la predisposizione di **colonnine per la ricarica dei veicoli elettrici**.

Da ultimo sono incentivabili anche gli interventi atti a rimuovere le **barriere architettoniche** per favorire la mobilità interna ed esterna all'abitazione. Se però l'intervento non è eseguito contestualmente ad interventi trainanti di Super-Ecobonus o con Sismabonus, è possibile beneficiare di un nuovo bonus per l'eliminazione delle barriere architettoniche con aliquota al 75%.

Tutti i cittadini che possiedano i requisiti di accesso all'incentivo potranno ristrutturare la propria abitazione con un esborso monetario minimo, a prescindere dalla loro situazione economica. L'immobile ristrutturato aumenterà il suo valore di mercato in virtù del salto energetico minimo richiesto dal Superbonus, che è pari a due classi energetiche. Il miglioramento termico degli involucri edilizi e l'adozione di impianti di climatizzazione più efficienti comporterà una importante riduzione dei consumi dell'energia destinata al riscaldamento, e questo si tradurrà per il contribuente in una riduzione delle spese in bolletta.

Il contribuente alla fine si ritroverà con una maggiore ricchezza patrimoniale, un livello di benessere migliore e gravato da un minor peso di consumi per gli anni a venire.

1.2.   Vantaggi per le imprese

Il Superbonus consentirà alle imprese di beneficiare di un flusso aggiuntivo di domanda. Una detrazione superiore al 100% sui lavori di ristrutturazione rappresenta una novità assoluta nell'ordinamento italiano, e consentirà di rilanciare un settore chiave della nostra economia.

Grazie all'innalzamento della detrazione al 110%, all'introduzione dell'opzione dello sconto in fattura e della cessione del credito, nonché alla possibilità di trasferire il credito anche agli istituti di credito, tutte le imprese, anche le più piccole, potranno cedere il credito d'imposta, acquisito con lo sconto in fattura, ad enti terzi a prezzi sostenibili.

Tutti i più importanti istituti di credito si sono già mossi per offrire sul mercato prodotti per l'acquisto dei crediti d'imposta, sia rivolti al privato cittadino che alle singole imprese.

Sono stati, inoltre, predisposti anche prodotti di finanziamento per sostenere il costo dei lavori, in attesa che venga riconosciuto il credito d'imposta dall'Agenzia delle Entrate.

Nel caso di sconto in fattura, infatti, l'impresa si vedrà riconosciuto il credito d'imposta già a partire dal giorno 10 del mese successivo alla corretta ricezione da parte dell'Agenzia delle Entrate della comunicazione di esercizio dell'opzione.

L'impresa, una volta venuta in possesso del credito di imposta, potrà decidere di utilizzarlo in compensazione scalandolo dalle imposte che deve pagare nei 5 anni successivi. In alternativa, potrà decidere di cederlo ad un istituto bancario e trasformarlo immediatamente in liquidità.

Inoltre, la possibilità di vedersi riconosciuto il credito d'imposta anche su fatture emesse a stato avanzamento lavori permetterà all'impresa, che ha effettuato lo sconto in fattura, di poterlo immediatamente cedere e ottenere così la liquidità in tempi più rapidi.

1.3. Prerequisiti fondamentali per accedere al Superbonus: diagnosi energetica preliminare, conformità edilizia e urbanistica

Prima di partire con le pratiche per ottenere il Superbonus, è opportuno eseguire una analisi iniziale, definita **analisi di prefattibilità**, in cui il contribuente ha la possibilità di verificare se siano presenti o meno i requisiti previsti dalla normativa per poter usufruire dell'incentivo.

Questa attività va affidata ad un professionista, e nel caso in cui questi dovesse accertare la mancanza dei suddetti requisiti, il committente sarebbe impossibilitato di accedere alla detrazione fiscale, e tutto l'onere della prestazione professionale eseguita sarebbe a suo carico.

Le attività professionali previste nella fase di prefattibilità precedono il progetto vero e proprio, che verrà preso in considerazione solo nel caso di confermato accesso alla detrazione fiscale; queste attività servono solo a verificare se esistano o meno i requisiti per fruire del Superbonus.

Solitamente, nel caso in cui lo studio di prefattibilità dia esito positivo, e quindi sia possibile usufruire delle detrazioni e il committente decida di conferire l'incarico al medesimo professionista, i corrispettivi concordati per lo studio preliminare si potranno considerare come un anticipo della prestazione globale che riguarderà l'intero iter del Superbonus.

Lo studio di prefattibilità è finalizzato a dare una risposta sulla possibilità di attingere ai benefici del Superbonus attraverso uno studio di massima dell'edifico dal punto di vista:

- della regolarità edilizia e urbanistica;

- della diagnosi energetica dell'edificio (involucro e impianto) per la stima della classe energetica di partenza;

- dell'individuazione di massima delle opere atte a garantire il miglioramento energetico dell'edificio previsto dal Superbonus (salto delle due classi).

Prima dell'uscita del decreto Semplificazioni 2021, **la verifica della regolarità edilizia e urbanistica** era uno step iniziale fondamentale, in quanto non era possibile applicare incentivi dove non ci fosse stata conformità. Gli edifici con abusi edilizi non sanati e non sanabili erano esclusi dal Superbonus.

Il DL 77/2021 (decreto Semplificazioni 2021) stabilisce che per dare il via agli interventi legati al Superbonus è sufficiente la semplice presentazione di una CILA, **e quindi non è più richiesta l'attestazione dello stato legittimo dell'edificio**.

È comunque buona prassi effettuare in ogni caso l'accesso agli atti per verificare la situazione dell'immobile, prima di partire con le pratiche di Superbonus.

Si vuole dare comunque qualche indicazione circa alcuni aspetti della conformità urbanistica e catastale degli immobili.

Tolleranze esecutive: il mancato rispetto dell'altezza, dei distacchi, della cubatura, della superficie coperta e di ogni altro parametro delle singole unità immobiliari non costituisce violazione edilizia se contenuto **entro il limite del 2% delle misure previste nel titolo edilizio**.

Costituiscono inoltre **tolleranze esecutive** le irregolarità geometriche e le modifiche delle finiture degli edifici di minima entità, la diversa collocazione degli impianti e opere interne eseguite durante i lavori per l'attuazione di titoli abilitativi edilizi, a condizione che non comportino violazione della disciplina urbanistica e edilizia e non pregiudichino l'agibilità dell'immobile[11].

---

[11] Comma 2 art. 34 bis del D.P.R. 380/2001.

2. Riferimenti normativi

NORMATIVA

SUPERBONUS 110%

DL 34/2020

DECRETO RILANCIO

19 maggio 2020

Misure urgenti in materia di salute, sostegno al lavoro e all'economia, nonché di politiche sociali connesse all'emergenza epidemiologica da COVID-19.

Convertito in legge 77/2020 (17 luglio 2020)

DL 104/2020

14 agosto 2020

Misure urgenti per il sostegno e il rilancio dell'economia.

Convertito in legge 126/2020 (13 ottobre 2020)

L 178/2020

LEGGE DI BILANCIO 2021

30 dicembre 2020

Bilancio di previsione dello Stato per l'anno finanziario 2021 e bilancio pluriennale per il triennio 2021-2023.

seconda edizione del libro

DL 59/2021

06 maggio 2021

Misure urgenti relative al Fondo complementare al Piano nazionale di ripresa e resilienza e altre misure urgenti per gli investimenti.

Convertito in legge 101/2021 (01 luglio 2021)

seconda edizione del libro

DL 77/2021

DECRETO SEMPLIFICAZIONI

31 maggio 2021

«Governance del Piano nazionale di ripresa e resilienza e prime misure di rafforzamento delle strutture amministrative e di accelerazione e snellimento delle procedure».

Convertito in legge 108/2021 (29 luglio 2021)

terza edizione del libro

L 234/2021

LEGGE DI BILANCIO 2022

30 dicembre 2021

Bilancio di previsione dello Stato per l'anno finanziario 2022 e bilancio pluriennale per il triennio 2022-2024.

quarta edizione del libro

DM 75/2022 DECRETO PREZZI

DL 50/2022 DECRETO AIUTI

CIRCOLARE ADE 19/E

CIRCOLARE ADE 23/E

quinta edizione del libro

L 197/2022

LEGGE DI BILANCIO 2023

29 dicembre 2022

Bilancio di previsione dello Stato per l'anno finanziario 2023 e bilancio pluriennale per il triennio 2023-2025.

DL 176/2022 AIUTI QUATER

Convertito in legge 6/2023 (13 gennaio 2023)

CIRCOLARE ADE 33/E

Il **Decreto Legge n° 34 del 19 maggio 2020, meglio conosciuto come Decreto Rilancio**, contiene una serie di *«misure urgenti in materia di salute, sostegno al lavoro e all'economia, nonché' di politiche sociali connesse all'emergenza epidemiologica da COVID-19»*.

Il Decreto Rilancio 34/2020 (19 maggio 2020) è stato convertito nella legge n. 77/2020 (17 luglio 2020). Il testo del decreto è stato poi modificato dal DL 104/2020 (14 agosto 2020), convertito nella cosiddetta Legge agosto 126/2020 (13 ottobre 2020). Successivamente sono state apportate ulteriori modifiche al decreto prima con la legge di Bilancio 2021, legge 178/2020 (30 dicembre 2020), e poi con il DL 59/2021 (6 maggio 2021), convertito nella legge n. 101/2021 (1 luglio 2021), e con il DL 77/2021 (Decreto Semplificazioni del 31 maggio 2021), convertito nella legge n. 108/2021 (29 luglio 2021).

Successivi aggiornamenti in materia Superbonus sono arrivati con la legge di Bilancio 2022, legge 234/2021 (30 dicembre 2021), ai commi 28 e 29, con il Decreto Sostegni ter (DL 4/2022) e con il Decreto Energia (DL 17/2022 e legge di conversione 34/2022).

Le ultimissime novità sono riportate nel **Decreto-Legge Aiuti quater** (18 novembre 2022) convertito nella legge n. 6/2023 (13 gennaio 2023), nella **Circolare AdE 33/E** (6 ottobre 2022) ed in particolare nella **Legge di Bilancio 2023** (29 dicembre 2022), legge 197/2022.

Il Superbonus rientra nel TITOLO VI – *Misure fiscali del decreto Rilancio*, e trova i suoi capisaldi negli articoli 119 e 121 di tale decreto.

L'**articolo 119** titola "*Incentivi per l'efficienza energetica, sisma bonus, fotovoltaico e colonnine di ricarica di veicoli elettrici* ".

L'**articolo 121** titola "*Opzione per la cessione o per lo sconto in luogo delle detrazioni fiscali* ".

Con la pubblicazione e conversione in legge del DL 77/2021 (legge semplificazioni 2021), diventano effettive una serie di novità e modifiche alle regole alla base del Superbonus 110 previste dall'art. 119.

Nel corposo testo della nuova legge semplificazioni, gli articoli dedicati al Superbonus sono l'art. 33 e l'art. 33-bis. Gli argomenti trattati dagli articoli sono:

- Interventi di abbattimento delle barriere architettoniche (comma 4 art.119).

- Limiti di spesa per le attività socio-sanitarie e assistenziali (comma 10-bis art.119).

- CILA per interventi strutturali e modifiche ai prospetti (comma 13-ter art.119).

- Distanze tra fabbricati, cappotto termico, e cordolo sismico (comma 3 art.119).

- Non decadenza della detrazione nel caso di violazioni formali (comma 5-bis art.119).

- Termini per il cambio residenza per agevolazione prima casa (comma 10-ter art.119).

- Edilizia libera (comma 13-quinquies art.119).

Il Governo, con il Decreto-legge correttivo del 25 febbraio 2022, n. 13 è tornato indietro e ha ripensato a quanto stabilito inizialmente con il Sostegni-Ter (DL 4/2022) in materia di cessione crediti per i bonus edilizi e modificato nuovamente la disciplina allentando la stretta (inizialmente prevista una sola cessione) consentendo due ulteriori cessioni, oltre alla prima.

Il Decreto Energia (DL 17/2022 convertito poi in legge), infine, ha aggiunto l'art. 10-bis il quale prevede un nuovo adempimento per utilizzare il Superbonus 110% e gli altri bonus edilizi indicati all'art. 121, comma 2 del Decreto Rilancio. Le imprese dovranno dotarsi di attestazione da parte degli appositi organismi di diritto privato autorizzati dall'ANAC (Attestazione SOA) come previsto all'art. 84 del D.Lgs. n. 50/2016 (Codice dei contratti).

La **legge di Bilancio 2023** ha introdotto le seguenti nuove regole.

Per i condomìni possiamo fare la distinzione tra caso A) e caso B).

CASO A) beneficiano del 110% per tutto il 2023 i seguenti interventi:

1. Interventi diversi da quelli effettuati dai condomìni (per esempio effettuati da persone fisiche con edifici da 2 a 4 unità immobiliari di un unico proprietario o in comproprietà), con **CILA-S <u>presentata</u> al 25 novembre 2022**.

2. Interventi effettuati da condomìni con:

   o delibera assembleare adottata entro il **18 novembre 2022** + dichiarazione sostitutiva;

   o CILA-S presentata entro il **31 dicembre 2022**.

3. Interventi effettuati dai condòmini con:

   o delibera assembleare adottata tra il **19 e il 24 novembre 2022** + dichiarazione sostitutiva;

   o CILA-S presentata entro il **25 novembre 2022**.

4. Interventi di demolizione e ricostruzione con istanza presentata entro il **31 dicembre 2022**.

CASO B) beneficiano del 90% per tutto il 2023 tutti gli altri interventi non rientranti nel caso A).

La dichiarazione sostitutiva di atto notorio su menzionata, deve essere eseguita dall'amministratore di condominio o dal condòmino che si fa responsabile della procedura, per attestare che la delibera è stata adottata entro il 18 novembre o tra il 18 e il 24 novembre.

Nel caso A.4) (ovvero per gli interventi di demoricostruzione) l'istanza è la richiesta di un titolo abilitativo, che non può essere la CILA-S ma sarà il permesso di costruire o la SCIA alternativa al permesso di costruire.

Si parla ora di CILA-S "presentata", termine che è stato modificato rispetto a quanto scritto nel DL Aiuti quater.

Sia nel caso A) che nel caso B), **la detrazione scende al 70% per il 2024 e al 65% per il 2025.** Questo decalage era già stato previsto con la legge di bilancio 2022.

Nel caso B) in sostanza per il 2023, a differenza di quanto previsto precedentemente, si applicherà un beneficio pari al 90% (in luogo del 110%).

Per le **unifamiliari** invece è stata definita la **proroga al 31 marzo 2023**.

In particolare, il termine del 31 dicembre 2022 viene sostituito con il 31 marzo 2023. Resta fermo, ovviamente, il paletto della scadenza 30 settembre 2022 entro cui bisogna già aver realizzato il 30% dei lavori complessivi. In caso contrario, la detrazione al 110% rimane per le sole spese sostenute fino al 30 giugno 2022. Di conseguenza, per i lavori iniziati dopo il 30 giugno 2022, che al 30 settembre 2022 non superano il 30%, non è possibile detrarre nulla al 110%.

Per i lavori con partenza dal 1 gennaio 2023, **la detrazione scenderà al 90% fino al 31/12/2023,** a patto che vi siano le seguenti condizioni:

1. l'unità immobiliare sia adibita ad abitazione principale;

2. il contribuente abbia un reddito di riferimento non superiore a 15.000 euro;

3. il contribuente abbia un diritto reale di godimento sull'immobile.

Queste nuove scadenze erano già state previste dal DL Aiuti quater.

Per gli altri edifici rimangono invece le scadenze già fissate in precedenza, ovvero:

per gli interventi effettuati dagli **Istituti autonomi case popolari (IACP)**, compresi quelli effettuati dalle persone fisiche sulle singole unità immobiliari all'interno dello stesso edificio, e dalle **cooperative di abitazione a proprietà indivisa**, per i quali alla data del 30 giugno 2023 siano stati effettuati lavori per almeno il 60 per cento dell'intervento complessivo, la detrazione del 110 per cento spetta anche per le spese sostenute entro il 31 dicembre 2023.

Per altri beneficiari (previsti al comma 9 dell'art. 119), la scadenza rimane il 30 giugno 2022.

Per dare piena attuazione al Superbonus, sono stati pubblicati in Gazzetta Ufficiale (n. 246 del 5 ottobre 2020) due decreti attuativi del MiSE[12]:

il **decreto requisiti ecobonus** e il **decreto asseverazioni**.

Il primo è relativo alla definizione dei requisiti tecnici che devono essere soddisfatti dagli interventi che beneficiano delle agevolazioni, nonché dei massimali di costo specifici per ogni singola tipologia di intervento ammesso.

Il secondo si occupa invece di definire le modalità di trasmissione del modulo di asseverazione da trasmettere all'ENEA.

Questo libro ha ricavato tutti i suoi contenuti solo ed esclusivamente dai documenti normativi sopra elencati ed ha l'ambizione di averli raggruppati e proposti in maniera ordinata e coerente in modo da essere di concreto aiuto a chi

---

[12] Ministero per lo Sviluppo Economico.

intraprende l'iter per l'accesso a questa complessa ma a nostro avviso vantaggiosissima forma di incentivazione.

2.1.   L'articolo 119 e la detrazione del 110%

L'articolo 119 introduce una versione 'potenziata' dell'Ecobonus che potremmo chiamare Super-Ecobonus, le cui agevolazioni fanno riferimento agli stessi interventi di efficientamento energetico degli edifici già considerate nell'Ecobonus (che continua ad essere operativo). Gli interventi considerati sono ancora quelli che riducono le dispersioni termiche degli involucri edilizi ed incentivano l'utilizzo di generatori termici ad alta efficienza per la climatizzazione invernale. Viene incentivato, inoltre, l'utilizzo dell'energia fotovoltaica e si promuove il passaggio graduale ad un parco veicoli elettrico, agevolando l'installazione di colonnine elettriche di ricarica.

Per quanto riguarda invece l'aspetto della sicurezza delle abitazioni, viene 'potenziato' il precedente Sismabonus mediante il Super-Sismabonus, che incentiva in maniera più netta le operazioni di rafforzamento strutturale degli edifici.

Il Superbonus 110%, che ingloba il Super-Ecobonus ed il Super-Sismabonus permette quindi a tutti i cittadini di rendere più efficienti da un punto di vista energetico e più sicure da un punto di vista strutturale le proprie abitazioni.

L'agevolazione non sostituisce ma si aggiunge alle altre già esistenti per le opere di recupero ed efficientamento del patrimonio edilizio, quali appunto il Sismabonus, l'Ecobonus, il Bonus Casa ed il Bonus Facciate (terminato definitivamente nel 2022). Queste tipologie di agevolazioni continuano ad avere la loro importanza e continuano ad essere utilizzate quando, per vari motivi, non si avesse desiderio o non si possedessero i requisiti per l'accesso al Superbonus.

La sostanza delle nuove agevolazioni è contenuta negli articoli 119 e 121 della legge "Rilancio" di cui si riportano gli aspetti fondamentali.

Il comma 1 dell'articolo 119 stabilisce che **le aliquote delle detrazioni fiscali** fissate in precedenza per la riqualificazione energetica (Ecobonus) e la messa in sicurezza antisismica (Sismabonus) degli edifici, **vengono elevate al 110%.**

Questo significa che le spese documentate e rimaste a carico del contribuente, sostenute a partire dal 1° luglio 2020 fino al 31 marzo 2023 (per persone fisiche con edifici unifamiliari) o al 31 dicembre 2023 (per persone fisiche con edifici plurifamiliari e per condomini – con determinate condizioni) rientranti negli interventi ammessi dall'Ecobonus e dal Sismabonus, **generano un credito di imposta pari al 110% dell'importo dei lavori sostenuti per l'efficientamento.** Questo credito sarà usufruibile in cinque rate annuali di pari importo e in quattro rate annuali di pari importo per la parte di spese sostenute dal 1° gennaio 2022. In sostanza il contribuente potrà portare in detrazione nella propria dichiarazione IRPEF la stessa somma per 5 o 4 anni arrivando a detrarre una cifra pari al 110% delle spese sostenute.

Abbiamo già specificato che il Superbonus non sostituisce i due precedenti incentivi (Ecobonus e Sismabonus) che continuano a rimanere operativi e posso essere utili nell'ambito di interventi più limitati, quali ad esempio la sostituzione di una caldaia tradizionale con una a condensazione. Il Superbonus invece è concepito per interventi capaci di conseguire un **significativo incremento della prestazione energetica** degli edifici e come vedremo ha requisiti d'accesso molto più stringenti.

2.2. L'articolo 121 e l'opzione di cessione del credito

Il comma 1 dell'articolo 121 introduce – per gli interventi effettuati dal 2020 al 2024 – la possibilità per il soggetto avente diritto di optare, <u>in luogo dell'utilizzo diretto della detrazione spettante</u>, alternativamente[13]:

- per un contributo di pari ammontare, sotto forma di **sconto sul corrispettivo dovuto**, anticipato dal fornitore che ha effettuato gli interventi e da quest'ultimo recuperato sotto forma di credito d'imposta, con facoltà di successiva cessione del credito (<u>cd. sconto in fattura</u>);

- per la trasformazione del corrispondente importo della detrazione in **credito d'imposta**, con facoltà di successiva cessione ad altri soggetti, compresi gli istituti di credito e altri intermediari finanziari (<u>cd. cessione del credito</u>).

L'opzione può essere esercitata in relazione a ciascuno stato di avanzamento dei lavori. Gli stati di avanzamento dei lavori non possono essere più di due per ciascun intervento

---

[13] Tale previsione deroga espressamente alle specifiche disposizioni in materia di cessione del credito e di sconto in fattura contenute negli articoli 14 e 16 del DL n. 63 del 2013.

complessivo e ciascuno stato di avanzamento deve riferirsi ad almeno il 30 per cento del medesimo intervento.

La legge di Bilancio 2022 ha introdotto il comma 1-ter, nel quale si evidenzia che, per optare per lo sconto in fattura o per la cessione del credito d'imposta, il contribuente deve:

- richiedere il **visto di conformità** dei dati relativi alla documentazione che attesta la sussistenza dei presupposti che danno diritto alla detrazione **per tutti i bonus fiscali edilizi diversi dal Superbonus** (elencati al comma 2, art. 121 del D.L. 34/2020), e per i casi in cui il Superbonus è utilizzato dal beneficiario direttamente in detrazione nella propria dichiarazione dei redditi, tranne che nei casi in cui la dichiarazione è presentata direttamente dal contribuente attraverso la precompilata o tramite il sostituto d'imposta che presta l'assistenza fiscale;

- richiedere che un tecnico abilitato asseveri la congruità delle spese sostenute (secondo le disposizioni dell'art. 119, comma 13-bis, del DL 34/2020).

Quanto appena detto è sostanzialmente il contenuto del **Decreto Antifrodi DL 157/21**, pubblicato sulla Gazzetta Ufficiale l'11 novembre 2021.

Ulteriori informazioni sulle misure di contrasto alle frodi in materia di cessioni dei crediti sono riportate nel **nuovo articolo 122-bis del Decreto Rilancio**, anche questo introdotto con la legge di Bilancio 2022.

Il comma 2 evidenzia che le disposizioni contenute nell'articolo 121 si applicano per le spese relative agli interventi di:

- recupero del patrimonio edilizio;

- efficienza energetica;

- adozione di misure antisismiche;

- recupero o restauro della facciata degli edifici esistenti, ivi inclusi quelli di sola pulitura o tinteggiatura esterna;

- installazione di impianti fotovoltaici e sistemi di accumulo;

- installazione di colonnine per la ricarica dei veicoli elettrici.

Ai sensi del comma 3 dell'articolo 121, i crediti d'imposta sono utilizzati in compensazione, sulla base delle rate residue di detrazione non fruite. Il credito d'imposta è usufruito con la stessa ripartizione in quote annuali con la quale sarebbe stata utilizzata la detrazione. **La quota di credito d'imposta non utilizzata nell'anno non può essere usufruita negli anni successivi, e non può essere richiesta a rimborso**.

I commi 4, 5 e 6 recano le disposizioni in materia di controlli e recupero delle agevolazioni indebitamente fruite.

Il comma 7 rinvia a un provvedimento del direttore dell'Agenzia delle Entrate la definizione delle modalità attuative delle disposizioni, comprese quelle relative all'esercizio delle opzioni, da effettuarsi in via telematica.

Infine, il comma 7-bis, introdotto dalla legge di Bilancio 2021, e modificato con la legge di Bilancio 2022, estende la possibilità di usufruire dello sconto in fattura e della cessione del credito anche per i soggetti che sostengono le spese dal 1° gennaio 2022 al 31 dicembre 2025.

2.3. La definizione dei requisiti tecnici: il Decreto Requisiti Ecobonus

Il Decreto Requisiti Ecobonus, intitolato *"Requisiti tecnici per l'accesso alle detrazioni fiscali per la riqualificazione energetica degli edifici – cd. ecobonus"*, fornisce gli strumenti utili per il corretto accesso agli incentivi previsti.

Il Ministero dello Sviluppo Economico (MiSE) ha pubblicato in Gazzetta Ufficiale del 5 ottobre 2020 il testo del decreto che definisce i nuovi **requisiti tecnici** dei lavori ed i **massimali di spesa** per le detrazioni ordinarie e per il Superbonus 110%.

I parametri specifici per l'accesso alle detrazioni fiscali sono contenuti negli allegati al testo del decreto del MiSE.

L'avvio del Superbonus porta alla definizione delle regole specifiche per tutte le detrazioni che comportano un risparmio energetico.

L'applicazione dei nuovi requisiti tecnici e dei massimali di spesa fissati dal decreto MiSE è obbligatoria solo per gli interventi la cui data di inizio lavori sia successiva al 6 ottobre 2020, data di entrata in vigore del provvedimento del MiSE.

Per i lavori la cui data di inizio lavori sia antecedente - da comprovare tramite apposita documentazione - si applicano le vecchie regole (DM 19/02/2007 e ss.mm.ii).

Per i lavori rientranti nel Superbonus è in ogni caso obbligatoria l'**acquisizione dell'asseverazione tecnica**, che comprenda la dichiarazione di **congruità delle spese sostenute** e i **requisiti tecnici** dell'intervento.

Nel provvedimento vengono definiti in particolare:

- i requisiti tecnici che devono soddisfare gli interventi che beneficiano delle agevolazioni di cui all'Ecobonus (detrazioni del 50% e del 65%), del Bonus Facciate (detrazione del 90%) e del Superbonus (detrazione al 110%);

- i massimali di costo specifici per ciascuna tipologia di intervento;

- le procedure e le modalità di esecuzione di controlli a campione, sia documentali che in situ, eseguiti dall'ENEA e volti ad accertare il rispetto dei requisiti che determinano l'accesso al beneficio.

Il Decreto Requisiti Ecobonus ingloba diverse tipologie di interventi agevolabili, quali:

- interventi di efficienza energetica del patrimonio edilizio esistente di cui all'art.14, comma 3-ter, del dl n. 63/2013 (detrazioni del 50 % e del 65% - **Ecobonus classico**);

- interventi finalizzati al recupero o restauro della facciata esterna degli edifici esistenti (detrazione del 90% - **Bonus Facciate**);

- interventi che danno diritto alla detrazione di cui ai commi 1 e 2 dell'art. 119 del dl n. 34/2020, convertito con modificazioni dalla legge n. 77/2020 (detrazione al 110% - **Superbonus**).

2.4. La definizione delle modalità di accesso alle agevolazioni: il Decreto Asseverazioni

Accanto al decreto sui requisiti tecnici degli interventi, è stato pubblicato il **Decreto Asseverazioni**, applicabile esclusivamente ai fini dell'**Ecobonus** e del **Sismabonus elevati al 110%**, così come per l'esercizio dell'opzione dello sconto in fattura e della cessione del credito.

I **requisiti delle asseverazioni, termini e modalità di trasmissione**, sono contenuti nel testo del secondo decreto attuativo approdato in Gazzetta Ufficiale del 6 ottobre 2020.

L'asseverazione su requisiti e prezzi dei lavori dovrà essere compilata online, sul sito ENEA, a cura del **tecnico abilitato**, il quale dovrà utilizzare gli appositi moduli forniti dal MiSE.

L'invio dovrà essere effettuato entro 90 giorni dalla fine dei lavori, per i lavori conclusi.

Il portale ENEA rilascerà quindi una ricevuta di trasmissione e le comunicazioni tra l'Agenzia ed il tecnico abilitato avverranno tramite l'area riservata disponibile sullo stesso portale informatico.

La gestione operativa degli adempimenti legati all'accesso al Superbonus del 110% viene quindi affidata ad ENEA, che effettuerà anche le verifiche sui requisiti tecnici per l'accesso all'agevolazione fiscale, sulla congruità delle spese, e che il tecnico abilitato abbia sottoscritto una polizza assicurativa con massimale congruo all'importo dei lavori asseverati (in precedenza la polizza non poteva essere inferiore, comunque, ai 500.000 euro).

Ferma restando l'applicazione delle sanzioni penali in caso di reato, la sanzione prevista nel caso di asseverazioni o attestazioni infedeli è pari ad un minimo di 50.000 euro, e può salire fino a 100.000 euro, con un periodo di reclusione dai 2 ai 5 anni.

2.5.   La Circolare 24/E dell'08 agosto 2020

La Circolare 24/E è stata introdotta per fornire chiarimenti di carattere interpretativo necessari a definire in dettaglio l'ambito dei soggetti beneficiari e degli interventi agevolati e, in generale, gli adempimenti a carico degli operatori.

Non ci si dilunga nell'esposizione degli argomenti trattati in quanto sono chiarimenti che sono stati inseriti nella trattazione del presente libro.

La Circolare è suddivisa nei seguenti capitoli:

1 Ambito soggettivo di applicazione

      1.1 "Condomìni"

      1.2 Persone fisiche

      1.3 "Comunità energetiche rinnovabili"

2   Ambito oggettivo

    2.1 Interventi "trainanti o principali" – Efficienza energetica e misure antisismiche

        2.1.1   Interventi di isolamento termico sugli involucri

        2.1.2   Sostituzione degli impianti di climatizzazione invernale sulle parti comuni degli edifici in condominio

        2.1.3   Sostituzione degli impianti di climatizzazione invernale sugli "edifici unifamiliari" o sulle unità immobiliari di edifici plurifamiliari

        2.1.4   Interventi antisismici (sismabonus)

    2.2 Interventi "trainati"

        2.2.1   Interventi di efficientamento energetico

        2.2.2   Installazione di impianti solari fotovoltaici e di sistemi di accumulo

        2.2.3   Infrastrutture per la ricarica di veicoli elettrici

3   Requisiti per l'accesso al superbonus

4   Detrazione spettante

5   Altre spese ammissibili al superbonus

6   Cumulabilità

7   Alternative alle detrazioni

    7.1 Modalità di esercizio dell'opzione

    7.2 Interventi per i quali è possibile optare per la cessione o lo sconto

8   Adempimenti necessari ai fini del superbonus

    8.1 Visto di conformità

2.6.   La Risoluzione 60/E del 28 settembre 2020

La Risoluzione 60/E è una risposta dell'Agenzia delle Entrate ad un interpello di un contribuente. Merita di essere citata in quanto ha introdotto importanti modifiche alla Circolare 24/E e ha fornito nuovi chiarimenti.

Nello specifico ha evidenziato che è ammessa al Superbonus:

- la sostituzione delle finestre e delle strutture accessorie che hanno effetto sulla dispersione di calore (ad esempio, scuri o persiane) o che risultino strutturalmente accorpate al manufatto come, ad esempio, i cassonetti incorporati nel telaio dell'infisso nonché dei portoni esterni che delimitino l'involucro riscaldato dell'edificio verso l'esterno o verso locali non riscaldati. Per tali interventi, la detrazione massima spettante è pari a 60.000 euro per ciascuna unità immobiliare;

- l'installazione di pannelli solari per la produzione di acqua calda per usi domestici. Per tale intervento, la detrazione massima spettante è pari a 60.000 euro per ciascuna unità immobiliare;

- la sostituzione, integrale o parziale, di impianti di climatizzazione invernale. Per tali interventi, la detrazione massima è pari a 30.000 euro per ciascun immobile e spetta anche qualora sia sostituito o integrato l'impianto delle singole unità immobiliari all'interno di un edificio in condominio in assenza di un impianto termico centralizzato (deve però essere realizzato il cappotto esterno come intervento trainante);

- l'installazione di infrastrutture per la ricarica di veicoli elettrici negli edifici. In particolare, il Superbonus si applica alle spese sostenute, su un ammontare massimo delle spese stesse pari a 3.000 euro, per l'installazione delle infrastrutture per la ricarica di veicoli elettrici negli edifici nonché per i costi legati all'aumento di potenza impegnata del contatore dell'energia elettrica, fino ad un massimo di 7 kW.

  L'ammontare massimo della spesa è stato poi variato con la legge di Bilancio 2021 (si veda capitolo 6);

- l'installazione di impianti solari fotovoltaici connessi alla rete elettrica su determinati edifici, fino ad un ammontare complessivo delle spese non superiore a euro 48.000 per singola unità immobiliare e comunque nel limite di spesa di euro 2.400 per ogni kW di potenza nominale dell'impianto solare fotovoltaico;

- l'installazione contestuale o successiva di sistemi di accumulo integrati negli impianti solari fotovoltaici agevolati, nel limite di spesa di 1.000 euro per ogni kWh.

In merito ai limiti di spesa ammessi al Superbonus, nella citata circolare n.24/E del 2020 è stato precisato che il predetto limite di spesa di 48.000 euro è stabilito cumulativamente per l'installazione degli impianti solari fotovoltaici e dei sistemi di accumulo integrati nei predetti impianti. Tale chiarimento è da intendersi superato a seguito del parere fornito dal Ministero dello Sviluppo economico che ha, invece, ritenuto che **il predetto limite di spesa di 48.000 euro vada distintamente riferito agli interventi di installazione degli impianti solari fotovoltaici e dei sistemi di accumulo integrati nei predetti impianti.**

2.7.   La Circolare 30/E del 22 dicembre 2020

La Circolare 30/E fornisce una sintetica illustrazione delle modifiche al Decreto Rilancio operate dal decreto Agosto[14], il quale ha introdotto nuovi commi.

Fornisce inoltre ulteriori precisazioni, in accordo con il Ministero dello Sviluppo Economico e con l'ENEA, in risposta a quesiti posti in occasione di eventi in videoconferenza organizzati dalla stampa specializzata, nonché a quesiti pervenuti da parte dei Centri di assistenza fiscale (CAF), delle associazioni di categoria e degli Ordini professionali, nonché chiarimenti già forniti dal Direttore dell'Agenzia delle Entrate nel corso dell'Audizione del 18 novembre 2020 dinanzi alla Commissione Parlamentare di vigilanza sull'Anagrafe Tributaria.

Infine, viene fornito l'elenco dei documenti e delle dichiarazioni sostitutive, da acquisire all'atto dell'apposizione del visto di conformità sulle comunicazioni da inviare all'Agenzia delle Entrate per l'esercizio

---

[14] Il decreto-legge 14 agosto 2020, n.104, convertito con modificazione dalla legge 13 ottobre 2020, n.126.

dell'opzione per la cessione del credito o per lo sconto in fattura, in base ai chiarimenti forniti e si fa riserva di integrare l'elenco al verificarsi di fattispecie non esaminate.

2.8. La Circolare 16/E del 29 novembre 2021

Il Decreto Antifrodi DL 157/2021 (e tutte le disposizioni in esso contenute) viene inglobato nel testo finale della legge di Bilancio 2022, pubblicato in Gazzetta Ufficiale il 31 dicembre 2021.

In questo modo viene sancita l'abrogazione del DL 157/2021, le cui misure introdotte per il contrasto alle frodi nel settore delle agevolazioni fiscali ed economiche vengono inserite nei commi da 28 a 36 della legge di Bilancio 2022. Come specificato anche dall'Agenzia delle Entrate, restano validi gli atti e i provvedimenti adottati e sono fatti salvi gli effetti prodotti e i rapporti giuridici nati sulla base del Decreto Antifrodi.

Pertanto, non cambia nulla se non lo strumento normativo.

Con la Circolare delle Entrate n.16/E 2021 **vengono fornite nuove indicazioni sulle agevolazioni edilizie post Decreto Antifrodi.** Nello specifico vengono date indicazioni ai contribuenti e agli operatori sui nuovi obblighi relativi al visto di conformità e all'asseverazione sia per il Superbonus, sia per gli altri Bonus edilizi.

Con il nuovo documento e le FAQ pubblicate il 22 novembre 2021, si hanno una serie di chiarimenti doverosi e necessari per risistemare il caos creato dall'immediata entrata in vigore del DL 157/2021.

Tra i chiarimenti più richiesti vi è quello sull'attestazione per lo sconto in fattura e la cessione dei Bonus edilizi, non 110%, che può essere rilasciata anche a lavori non conclusi (ma iniziati) e in assenza di SAL.

Attraverso la circolare viene, inoltre, confermato che il visto di conformità per l'utilizzo del Superbonus in dichiarazione non è obbligatorio se il contribuente invia in autonomia la precompilata oppure se invia la dichiarazione tramite il sostituto d'imposta o, ancora, se sussiste già un visto di conformità sull'intera dichiarazione.

La premessa della Circolare 16/E richiama il Decreto Antifrodi, che ha introdotto misure urgenti per contrastare i comportamenti fraudolenti e rafforzare le misure che presidiano le modalità di fruizione di determinati crediti d'imposta e detrazioni.

Al fine di recepire le modifiche normative apportate dal Decreto Antifrodi, l'Agenzia delle Entrate ha emanato il provvedimento del 12 novembre 2021, prot. n. 312528, con cui sono state apportate modifiche al provvedimento del Direttore dell'Agenzia delle entrate dell'8 agosto 2020, prot. n. 283847, e sono stati approvati il nuovo modello di comunicazione delle opzioni, le relative istruzioni per la compilazione e le specifiche tecniche per la trasmissione telematica del modello all'Agenzia delle Entrate.

Analizziamo di seguito il contenuto della Circolare n.16/E 2021.

Cosa cambia per il Superbonus

Con l'Antifrodi è stato esteso l'obbligo del visto di conformità anche nel caso in cui il Superbonus sia utilizzato come detrazione in dichiarazione, quindi non solo in caso di cessione del credito o dello sconto in fattura.

Si tratta di una condizione da applicare alle fatture emesse e ai relativi pagamenti a decorrere dal 12 novembre 2021: questo criterio temporale vale per le persone fisiche (compresi gli esercenti arti e professioni) e gli enti non commerciali, per i quali si applica il criterio di cassa, ma anche per le imprese individuali, le società e gli enti commerciali, per i quali si applica il criterio di competenza.

Il visto di conformità, però, continua a non essere obbligatorio se la dichiarazione è presentata direttamente dal contribuente attraverso il modello 730 o modello Redditi, oppure tramite il sostituto d'imposta che presta l'assistenza fiscale (modello 730).

Cosa cambia per i Bonus edilizi diversi dal Superbonus

Le Entrate specificano che l'obbligo di apposizione del visto di conformità e dell'attestazione della congruità delle spese si applica alle comunicazioni trasmesse in via telematica all'Agenzia delle Entrate a partire dal 12 novembre 2021.

Per le comunicazioni delle opzioni inviate entro l'11 novembre 2021, invece, nei casi in cui l'Agenzia abbia rilasciato regolare ricevuta di accoglimento, queste non sono soggette alla nuova disciplina; pertanto, non sono richiesti visto e attestazione della congruità delle spese.

Inoltre, l'obbligo di apposizione del visto di conformità e dell'asseverazione non si applica in caso di fatture pagate prima del 12 novembre 2021 e con accordi tra cedente e cessionario, anche senza comunicazione all'Agenzia delle Entrate.

Si riporta di seguito la tabella riepilogativa dell'AdE:

Agevolazione	Visto di conformità		Attestazione della congruità spese	
	Prima del 12/11/2021	Dopo il 12/11/2021	Prima del 12/11/2021	Dopo il 12/11/2021
SUPERBONUS Art. 119 del Decreto rilancio	-	Utilizzo in dichiarazione dei redditi	Utilizzo in dichiarazione dei redditi	Utilizzo in dichiarazione dei redditi
	Cessione del credito o Sconto in fattura	Cessione del credito o Sconto in fattura	Cessione del credito o Sconto in fattura	Cessione del credito o Sconto in fattura
BONUS DIVERSI DAL SUPERBONUS Art. 121, comma 2, del Decreto rilancio	-	Cessione del credito o Sconto in fattura	- (*)	Cessione del credito o Sconto in fattura

(*) L'attestazione della congruità delle spese, laddove prevista per il rispetto degli adempimenti di cui al d.m. 6 agosto 2020 nel caso di interventi finalizzati alla riqualificazione energetica effettuati a partire dal 6 ottobre 2020, rimane necessaria anche per l'utilizzo diretto in dichiarazione delle detrazioni in quanto contenuta nell'asseverazione che il tecnico abilitato è tenuto a rilasciare.

Detraibilità spese professionali

La Circolare chiarisce finalmente anche l'aspetto circa la detraibilità delle spese sostenute per l'apposizione del visto.

Queste sono detraibili anche nel caso in cui il contribuente fruisce del Superbonus direttamente nella propria dichiarazione dei redditi.

2.9.   Decreto Prezzi del 14 febbraio 2022

Pubblicato nella Gazzetta Ufficiale n.63 del 16/03/22, il DM **14 febbraio 2022** viene denominato **"Decreto Prezzi"** o **"Decreto Costi Massimi"**. Il decreto contiene i nuovi valori per le asseverazioni di congruità dei prezzi negli interventi per i bonus fiscali edilizi (Superbonus 110, Ecobonus, Bonus Casa, Bonus Facciate, etc.).

I massimali evidenziati nell'Allegato A del decreto, fungono da aggiornamento a quelli già in vigore per l'Ecobonus (Allegato I al Decreto del MiSE del 6 Agosto 2020 – Decreto Requisiti Tecnici Ecobonus). Tutti gli importi dei massimali risultano aumentati almeno del 20%. Questo aumento si è reso necessario per tener conto in maniera adeguata sia del maggior costo delle materie prime, sia dell'inflazione.

Il Decreto MiTE dei prezzi era molto atteso, in quanto già previsto nella Legge di Bilancio 2022 (Legge n. 234/2021) che ha modificato l'Articolo 119, Comma 13-bis del Decreto Rilancio (D.L. n. 34/2020).

Il decreto **entra in vigore il 15 aprile 2022**, ovvero il trentesimo giorno successivo alla data di pubblicazione in Gazzetta, e <u>i nuovi criteri sono da applicare per i titoli edilizi presentati dopo il 15/04/2022</u>. Nei casi in cui la CILAS sia stata presentata prima dell'entrata in vigore del provvedimento, restano valide le vecchie regole ed i vecchi prezzi.

Il Decreto definisce:

- i nuovi valori massimi stabiliti, applicabili ai fini dell'asseverazione della congruità delle spese per gli interventi che fruiscono di bonus fiscali edilizi e costituisce il nuovo Allegato I del DM 06/08/2020;

- le nuove modalità che i tecnici devono applicare per la verifica della congruità delle spese in relazione ai bonus fiscali edilizi.

I nuovi massimali, riepilogati nell'allegato A del provvedimento, **si considerano al netto di IVA, prestazioni professionali, opere relative alla installazione e manodopera per la messa in opera dei beni** (la tabella fa sostanzialmente riferimento al bene che si sta installando mentre per tutte le altre voci che servono alla realizzazione dell'intervento bisogna continuare a fare ricorso ai prezzari), tengono conto degli aumenti di prezzo rilevati nel mercato delle materie prime per l'edilizia e dell'inflazione, con un generale aumento delle soglie di circa il 20% (+ 30% per gli interventi sull'involucro) e saranno aggiornati ogni anno per tenere conto delle fluttuazioni di mercato.

A quali casi si applica:

Il Decreto si applica soli ai casi di cessione del credito e sconto in fattura, per gli interventi di cui al comma 2 dell'Art.121 del DL 34/2020, se non sia già stato presentato un titolo edilizio alla data di entrata in vigore del presente provvedimento.

Il Decreto non è un prezzario e non si pone come alternativa ai prezzari che rilevano i costi medi di mercato; il provvedimento fissa solo dei tetti per gli incentivi, ossia la soglia massima per ogni specifico intervento entro cui si riconosce l'agevolazione fiscale.

Nel decreto si stabilisce che

- "*per le tipologie di intervento non ricomprese nell'Allegato A, l'asseverazione di cui al comma 1 certifica il rispetto dei costi massimi specifici calcolati utilizzando i prezziari predisposti dalle Regioni e dalle Province autonome o i listini delle camere di commercio, industria, artigianato e agricoltura competenti sul territorio ove è localizzato l'edificio o i prezziari pubblicati dalla casa editrice DEI*";

- "*gli interventi di installazione di impianti fotovoltaici, di sistemi di accumulo dell'energia elettrica e di infrastrutture per la ricarica di veicoli elettrici dovranno rispettare i limiti di spesa specifici previsti dall'articolo 119, commi 5, 6 e 8, del decreto-legge n. 34 del 2020*";

- "*qualora le verifiche effettuate dagli asseveratori evidenzino che i costi specifici omnicomprensivi per tipologia di intervento sostenuti sono maggiori di quelli massimi ammissibili definiti dal presente decreto, la detrazione è applicata entro i predetti limiti massimi*".

Ai fini del presente decreto, gli interventi di installazione di impianti fotovoltaici, di sistemi di accumulo dell'energia elettrica e di infrastrutture per la ricarica di veicoli elettrici rispettano i limiti di spesa specifici previsti dall'art. 119, commi 5, 6 e 8, del decreto-legge n. 34 del 2020 (questa precisazione è necessaria perché le voci relative non sono contenute nell'allegato A).

Art. 4: Modifiche al decreto del Ministero dello sviluppo economico del 6 agosto 2020, recante «Requisiti tecnici per l'accesso alle detrazioni fiscali per la riqualificazione energetica degli edifici - c.d. Ecobonus».

Il decreto MiTE ha portato alcune modifiche al decreto Requisiti, la più importante delle quali riguarda il comma 13 dell'allegato A del DM 06 agosto 2020 che normava l'asseverazione. L'asseverazione è prevista in tutti i casi in cui si ricorre alla cessione del credito o allo sconto in fattura. Nel caso io non voglia ricorrere alla cessione del credito, devo comunque presentare una verifica dei costi, anche se non asseverata.

2.10.   Decreto Aiuti del 17 maggio 2022

Con la pubblicazione in Gazzetta del **DL 50/2022 (decreto Aiuti)** entrano in vigore dal 18 maggio (giorno successivo alla data di pubblicazione in Gazzetta) alcune misure sul Superbonus (parliamo della **legge 15 luglio 2022, n. 91**):

- In riferimento alla **cessione del credito**, rimane confermata la possibilità di consentire sempre la cessione banca-correntista, e non solo al quarto passaggio; viene, inoltre, allargata la platea dei cessionari: le banche potranno cedere il credito a tutti i soggetti loro clienti e non più ai soli clienti "professionali".

  In pratica, le banche (o le società appartenenti ad un gruppo bancario) potranno sempre cedere il credito acquisito a favore di soggetti (anche a società, professionisti e partite Iva, con la sola eccezione dei consumatori o utenti) che abbiano stipulato un contratto di conto corrente con la banca stessa o con la capogruppo, senza facoltà di ulteriore cessione.

  La nuova misura è retroattiva ma non illimitatamente: si applica alle comunicazioni relative alla prima cessione inviate all'Agenzia delle Entrate **a partire dal 1° maggio 2022**.

- Viene anche confermata la proroga del Superbonus per le ville unifamiliari e le unità indipendenti con accesso autonomo: la maxi detrazione potrà essere applicata alle spese sostenute entro il 31 dicembre 2022 (poi **estesa al 31 marzo 2023** con la Legge di Bilancio 2023). Per beneficiare dell'agevolazione è condizione necessaria che alla data del 30 settembre 2022 siano stati effettuati lavori per almeno il 30% dell'intervento complessivo. Precisato, inoltre, che nel computo della soglia del 30% possono essere compresi anche i lavori non agevolati.

Chi sono i clienti professionali privati?

Un cliente professionale è un soggetto che possiede l'esperienza, le conoscenze e le competenze necessarie per prendere consapevolmente le proprie decisioni in materia di investimenti e per valutare correttamente i rischi che assume.

Le modifiche alla disciplina della cessione dei crediti fiscali (art. 121, comma 1 DL 34/2020) legati alle detrazioni per lavori edili continuano.

La proposta sarebbe quella di consentire già dal 16 luglio agli istituti di credito la cessione dei crediti fiscali nei confronti dei correntisti in possesso di partita Iva e non più solo ai clienti che hanno la qualifica di clienti professionali privati.

Tra le ultime modifiche che ha subito il meccanismo della cessione dei crediti c'è quella inserita nel decreto aiuti (art. 14, dl n. 50/2022) che introduce la possibilità per gli intermediari finanziari di cedere i crediti acquisiti ai propri correntisti, "professionali privati", senza dover attendere le due cessioni possibili nell'ambito degli stessi intermediari finanziari.

Nel dettaglio, due sono le modifiche che il decreto Aiuti apporta:

- consente agli intermediari finanziari di cedere i crediti acquistati dalle imprese o dai privati a un soggetto fuori dal circuito bancario senza dover effettuare obbligatoriamente i due passaggi previsti nell'ambito degli stessi intermediari finanziari;
- la cessione dei crediti fuori dal circuito bancario può essere effettuata solamente ai correntisti "professionali privati" che riduce, quindi, la platea dei soggetti a cui gli intermediari finanziari possono cedere i crediti acquistati dal 1° maggio 2022.

Ricordiamo, infatti, che queste novità previste dal dl Aiuti sono in vigore esclusivamente per le prime cessioni dei crediti effettuate a decorrere dal 1° maggio 2022.

Il Decreto Aiuti prevede:

- prima cessione sempre libera, ossia possibile nei confronti di qualunque soggetto interessato, sia da parte dei committenti sia da parte dei fornitori che hanno applicato lo sconto in fattura;

- seconda cessione da parte di chi ha acquistato il credito da un committente o da un fornitore solo all'interno del sistema degli operatori qualificati, vale a dire banche e intermediari finanziari iscritti all'albo, società appartenenti a un gruppo bancario, imprese di assicurazione autorizzate ad operare in Italia, con possibilità di una ulteriore cessione sempre nei confronti degli operatori "qualificati";
- terza cessione solo nei confronti degli operatori qualificati, senza possibilità di ulteriori cessioni;
- cessione "libera" per le banche e le società appartenenti ad un gruppo bancario, che possono cedere in qualunque momento i crediti a propri correntisti clienti professionali privati, obbligati però ad utilizzare il credito solo in compensazione.

Una soluzione prospettata per riaprire le operazioni di acquisto di crediti da committenti e fornitori era quella di ampliare la platea degli acquirenti dei crediti ai clienti delle banche titolari di partita Iva.

In questo modo le banche avranno la possibilità di sbloccare i crediti tuttora in sospeso (circa 5 miliardi secondo i dati comunicati dalle Entrate) e acquistarne dei nuovi.

Questo è quanto avvenuto con il Decreto Aiuti quater (si veda più avanti relativo paragrafo).

2.11. La Circolare 19/E del 27 maggio 2022

Con il documento in esame, il Fisco intende fornire i primi chiarimenti in merito alle modifiche circa il Superbonus e gli altri bonus edilizi, con riferimento alle misure introdotte dal Governo in materia antifrode ed alle modifiche circa la cessione dei crediti (di cui agli articoli 121 e 122 del dl n. 34/2020).

La circolare fa riferimento alle previsioni introdotte:

- dalla legge di bilancio 2022 (articolo 1, commi da 28 a 30, della legge n. 234/2021);
- dal decreto Sostegni-ter (articoli da 28 a 28-quater del dl n. 4/2022) convertito, con modificazioni dal decreto Frodi (dl n. 13/2022);
- dal decreto Milleproroghe (articolo 3-sexies del dl n. 228/2021);
- dal decreto Energia (dl n. 17/2022) inserito poi dal dl n. 50/2022;
- dal decreto Ucraina (articolo 23-bis del dl n. 21/2022).

Vediamo di seguito i chiarimenti sulle ultime novità.

Obbligo del visto di conformità per l'utilizzo del Superbonus in dichiarazione

Viene confermato il mancato obbligo del visto di conformità, che attesta la sussistenza dei presupposti che danno diritto alla detrazione d'imposta richiesto per fruire del Superbonus mediante le opzioni per lo sconto in fattura o la cessione del credito, in caso di utilizzo della dichiarazione precompilata.

Il Fisco ricorda, inoltre, che l'obbligo di apposizione del visto di conformità per la fruizione del Superbonus direttamente nella dichiarazione dei redditi del contribuente si applica con riferimento alle fatture emesse a decorrere dal 12 novembre 2021.

Asseverazione/attestazione di congruità della spesa e prezzari

Per l'asseverazione della congruità delle spese, richiesta per fruire del Superbonus, occorre fare riferimento ai prezzari individuati dal dm 6 agosto 2020 e dai valori massimi stabiliti con decreto 14 febbraio 2022; oltre agli interventi finalizzati alla riqualificazione energetica, devono applicarsi anche agli interventi di riduzione del rischio sismico e quelli inerenti al bonus facciate e di recupero del patrimonio edilizio.

Una delle principali novità riguarda la detraibilità delle spese per il rilascio del visto di conformità, delle attestazioni/asseverazioni di congruità ai fini dell'esercizio dell'opzione per lo sconto in fattura o la cessione del credito: per i bonus diversi dal Superbonus, la detraibilità spetta se si tratta di spese sostenute anche nel periodo compreso fra il 12 novembre 2021 e il 31 dicembre 2021 (come previsto dall'articolo 3-sexies del decreto Milleproroghe).

Inoltre, è bene tenere a mente che le spese per il visto di conformità vanno suddivise in relazione alle diverse tipologie di intervento, in quanto tali spese rientrano nei massimali specifici per ogni intervento.

Esonero visto di conformità e attestazione di congruità

Il documento richiama l'obbligo di apposizione del visto di conformità, anche per i bonus diversi dal Superbonus, in caso di opzione per lo sconto in fattura o la cessione del credito e l'obbligo per i tecnici abilitati di attestare la congruità dei prezzi. Unica eccezione riguarda gli interventi relativi al bonus facciate.

L'esonero trova applicazione con riferimento alle spese sostenute a partire dal 12 novembre 2021.

In particolare, viene precisato che rientrano tra le spese detraibili anche quelle sostenute per il rilascio del visto di conformità, nonché delle asseverazioni, sulla base dell'aliquota di detrazione prevista per ciascuna tipologia di intervento.

Altra novità in merito al visto ed asseverazione: nessun obbligo per l'edilizia libera o fino ai 10.000 euro.

In pratica, volendo fruire dello sconto in fattura o della cessione del credito non c'è l'obbligo del rilascio del visto di conformità e delle relative attestazioni di congruità della spesa per i seguenti interventi eseguiti sulle singole unità immobiliari o sulle parti comuni dell'edificio:

- interventi in edilizia libera;
- interventi non in edilizia libera ma di importo complessivo non superiore a 10.000 euro (calcolato in relazione al valore degli interventi agevolabili ai quali si riferisce il titolo abilitativo, a prescindere se l'intervento è stato realizzato in periodi d'imposta diversi).

Novità in materia di sconto in fattura e cessione del credito

Le regole in materia di cessioni del credito, con riferimento ai limiti previsti dai decreti Sostegni ter, Frodi, Energia e dal decreto Aiuti, sono riassunte nei punti sottoindicati.

A partire dal 1° maggio 2022, si ha che:

- dopo la prima cessione del credito d'imposta è possibile effettuare due ulteriori cessioni solo nei confronti di banche, intermediari finanziari, società appartenenti a un gruppo bancario e imprese di assicurazione;
- le banche e le società appartenenti ad un gruppo bancario possono cedere i crediti direttamente ai correntisti, a condizione che si tratti di clienti professionali. Per i correntisti cessionari del credito non è possibile però cederlo successivamente;
- entra in vigore il divieto di cessione parziale, in base al quale i crediti derivanti dall'esercizio delle opzioni di sconto in fattura o cessione del credito non possono formare oggetto di cessioni parziali successivamente alla prima comunicazione dell'opzione all'Agenzia delle Entrate.

Evento	Tipo	Ulteriori cessioni
Prime cessioni o sconti	Prime cessioni o sconti comunicati **entro il 16 febbraio 2022**	I crediti possono essere ceduti 1 volta a chiunque (*jolly*) + 2 volte a soggetti "qualificati"
	Prime cessioni comunicate **dal 17 febbraio 2022**	I crediti possono essere ceduti soltanto 2 volte a soggetti "qualificati"
	Sconti comunicati **dal 17 febbraio 2022**	I crediti possono essere ceduti 1 volta a chiunque (*jolly*) + 2 volte a soggetti "qualificati"
Cessioni successive	Cessioni successive alla prima comunicate **entro il 16 febbraio 2022**	I crediti possono essere ceduti 1 volta a chiunque (*jolly*) + 2 volte a soggetti "qualificati"
	Cessioni successive alla prima comunicate entro il 16 febbraio 2022 e cessione *jolly* comunicata **dal 17 febbraio 2022**	I crediti possono essere ceduti soltanto 2 volte a soggetti "qualificati"

Inoltre, viene chiarito che il divieto di cessione parziale si intende riferito all'importo delle singole rate annuali in cui è stato suddiviso il credito ceduto da ciascun soggetto titolare della detrazione. Ciò significa che le cessioni successive potranno avere ad oggetto (per l'intero importo) anche solo una o alcune delle rate di cui è composto il credito; le altre rate (sempre per l'intero importo) potranno essere cedute anche in momenti successivi, oppure utilizzate in compensazione.

Le regole sulla cessione dei crediti sono poi state riviste e modificate dal Decreto Aiuti quater (si veda paragrafo successivo).

Sconto o cessione per autorimesse o box

Il Fisco fornisce anche chiarimenti circa gli interventi di recupero del patrimonio edilizio per la realizzazione o l'acquisto di un garage o di un posto auto pertinenziale, anche a proprietà comune, e la relativa opzione della cessione del credito o dello sconto in fattura.

Nel caso in cui il box sia già stato acquistato, a partire dal 1° gennaio 2022, i contribuenti possono scegliere di:

- cedere il credito relativo alle rate residue relative agli importi versati a partire dal 2020 o 2021

oppure

- fruire dello sconto in fattura e della cessione del credito con riferimento agli importi versati a partire dal 2022.

Per i contribuenti, invece, che non hanno ancora acquistato il box è possibile optare per la cessione del credito o per lo sconto in fattura per gli eventuali acconti versati a partire dal 1° gennaio 2022; in tal caso, sarà necessario registrare il preliminare di acquisto o il contratto definitivo entro la data di invio della comunicazione delle opzioni all'Agenzia.

Sanzioni

A livello sanzionatorio è prevista la reclusione da due a cinque anni e con la multa da 50.000 euro a 100.000 euro, per il tecnico abilitato che nelle asseverazioni/attestazioni:

- espone informazioni false;
- omette di riferire informazioni rilevanti sui requisiti tecnici del progetto di intervento o sulla effettiva realizzazione dello stesso;
- attesta falsamente la congruità delle spese.

La pena può aumentare nel caso in cui il fatto commesso produce anche un ingiusto profitto per sé o per altri.

Assicurazioni

Al fine di garantire ai propri clienti il risarcimento da eventuali danni provocati dai tecnici professionisti che rilasciano attestazioni e asseverazioni, questi hanno l'obbligo di stipulare una polizza di assicurazione della responsabilità civile per ogni intervento, **con massimale pari agli importi dell'intervento oggetto delle predette attestazioni o asseverazioni.**

La circolare ha confermato che per i bonus diversi dal Superbonus la stipula della polizza non è richiesta.

Obbligo CCNL

Il Fisco ricorda, infine, l'obbligo in capo al datore di lavoro che esegue opere di importo superiore a 70.000 euro: nell'atto di affidamento dei lavori e nelle relative fatture devono essere indicati i contratti collettivi (CCNL) che potranno essere applicati dalle imprese alle quali vengono affidati i lavori edili. L'obbligo, inoltre, deve essere rispettato anche nel caso in cui:

- il contratto di affidamento dei lavori sia stipulato tramite un general contractor

oppure

- i lavori edili siano oggetto di subappalto.

2.12. La Circolare 23/E del 23 giugno 2022

Un quadro riassuntivo dei chiarimenti in tema di Superbonus arriva con la nuova circolare n. 23/E dell'Agenzia delle Entrate.

Attraverso i provvedimenti direttoriali, le guide operative, le FAQ ed i pareri pubblicati in risposta alle istanze di interpello presentate dai contribuenti, l'Agenzia delle Entrate ha fatto chiarezza in merito alle modifiche normative che hanno interessato il decreto Rilancio (in particolare gli articoli 119 e 121).

La circolare in esame fornisce, quindi, un'illustrazione della disciplina del Superbonus allo stato attuale, per effetto delle modifiche intervenute e si focalizza su:

- le diverse tipologie dei soggetti beneficiari,
- gli edifici interessati dagli interventi,
- le spese ammesse all'agevolazione,
- l'opzione per lo sconto in fattura o la cessione del credito corrispondente alla detrazione spettante e i relativi adempimenti previsti.

I nuovi termini temporali per usufruire del Superbonus

La circolare si sofferma sui nuovi termini entro cui sostenere le spese per poter accedere all'agevolazione; non sono, invece, oggetto di trattazione le ultime novità in materia di opzione per lo sconto/cessione introdotte dal dl n. 50/2022, oggetto di primi chiarimenti con la circolare 27 maggio 2022, n. 19/E.

Nel dettaglio il Superbonus si applica alle spese sostenute entro il:

- **30 giugno 2022** dalle <u>associazioni e società sportive dilettantistiche</u> iscritte nel registro istituito ai sensi dell'art. 5, comma 2, lettera c), D.Lgs. n. 242/1999, limitatamente ai lavori destinati ai soli immobili o parti di immobili adibiti a spogliatoi (non essendo stata prevista una proroga per tali soggetti);

- **30 settembre 2022** per gli interventi effettuati su <u>unità immobiliari</u> dalle persone fisiche al di fuori dell'esercizio di attività di impresa, arte o professione, **ovvero** per le spese sostenute entro il **31 dicembre 2022, a condizione che** alla data del **30 settembre 2022** siano stati effettuati **lavori per almeno il 30% dell'intervento complessivo**, <u>nel cui computo possono essere compresi anche i lavori non agevolati ai sensi dell'art. 119 del decreto Rilancio</u>;

- **30 giugno 2023** dagli <u>IACP</u> comunque denominati nonché dagli enti aventi le stesse finalità sociali dei predetti istituti, istituiti nella forma di società che rispondono ai requisiti della legislazione europea in materia di "in house providing", per gli interventi di risparmio energetico e dalle cooperative di abitazione a proprietà indivisa ovvero per le spese sostenute entro il **31 dicembre 2023, a condizione che** alla data del **30 giugno 2023** siano stati effettuati **lavori per almeno il 60 per cento dell'intervento complessivo**;

- **31 dicembre 2025** dalle <u>organizzazioni non lucrative di utilità sociale, dalle organizzazioni di volontariato</u> iscritte nei registri e dalle associazioni di promozione sociale iscritte nei registri;

- **31 dicembre 2025** dalle persone fisiche, al di fuori dell'esercizio di attività di impresa, arte o professione, per interventi su <u>edifici composti da 2 a 4 unità immobiliari distintamente accatastate, posseduti da un unico proprietario o in comproprietà da più persone fisiche</u>, con una **progressiva diminuzione della percentuale di detrazione** (110% per le spese sostenute entro il 31 dicembre 2023; 70% per le spese sostenute entro il 31 dicembre 2024; 65% per le spese sostenute entro il 31 dicembre 2025);

- **31 dicembre 2025** dai <u>condomìni</u>, con una **progressiva diminuzione della percentuale di detrazione** (110% per le spese sostenute entro il 31 dicembre 2023; 70% per le spese sostenute entro il 31 dicembre 2024; 65% per le spese sostenute entro il 31 dicembre 2025).

Di seguito si riporta la tabella riassuntiva dell'Agenzia delle Entrate, in riferimento all'orizzonte temporale, in cui vengono riportati: beneficiario, riferimento normativo, aliquota, SAL 30%, SAL 60% e scadenza.

Beneficiario	Rif. normativo	Aliquota	SAL 30%	SAL 60%	Scadenza finale
Condomìni Persone fisiche proprietarie o comproprietarie di edifici plurifamiliari da 2 a 4 u.i. autonomamente accatastate Onlus, ApS, AdV	art. 119, comma 9, lettere a) e d-bis) del D.L. n. 34/2020	110% 70% 65%			31/12/2023 31/12/2024 31/12/2025
Persone fisiche	art. 119, comma 9, lettera b), del D.L. n. 34/2020	110%	30/09/2022		31/12/2022
IACP e cooperative di abitazione a proprietà indivisa	art. 119, comma 9, lettere c) e d), del D.L. n. 34/2020	110%		30/06/2023	31/12/2023
Associazioni e società sportive dilettantistiche per lavori destinati a immobili o parti di immobili adibiti a spogliatoi	art. 119, comma 9, lettera e), del D.L. n. 34/2020	110%			30/06/2022

Queste scadenze sono state in seguito modificate con la Legge di Bilancio 2023.

Per il resto, la nuova circolare riprende quanto chiarito nelle 210 risposte del Fisco, a partire dal 2020, ed è strutturata in 6 capitoli così suddivisi:

Soggetti che possono fruire del Superbonus

- Proprietari e detentori persone fisiche ("fuori dell'esercizio di attività di impresa, arti e professioni") a vario titolo
- Istituti autonomi case popolari (IACP) ed enti aventi analoghe finalità sociali
- Cooperative di abitazione a proprietà indivisa
- ONLUS, Organizzazioni di Volontariato e Associazioni di Promozione Sociale
- Associazioni e Società Sportive Dilettantistiche

- «Comunità Energetiche Rinnovabili»
- Amministrazioni dello Stato ed enti pubblici territoriali

Edifici interessati

- Unità immobiliari di categoria catastale A/9 aperte al pubblico
- Immobili vincolati
- Immobili iscritti nel Catasto Fabbricati in categoria F/3 ("unità in corso di costruzione") o in categoria F/4 ("unità in corso di definizione")
- Edifici sprovvisti di copertura, di uno o più muri perimetrali
- Edificio composto da più unità immobiliari possedute da un unico proprietario o in comproprietà da più persone fisiche
- Immobili utilizzati promiscuamente da persone fisiche, fuori dall'esercizio di arte, professione e impresa
- Condominio, Supercondominio e condominio minimo
- «Indipendenza funzionale» e «accesso autonomo dall'esterno»

Tipologie di interventi

- Interventi di demolizione e ricostruzione con aumento volumetrico
- Interventi "trainanti" di riqualificazione energetica
- Interventi "trainanti" antisismici
  - Interventi di riparazione o locali, interventi sulle aree di sedime
  - Interventi nei centri storici

- Interventi "trainati"
  - Eliminazione barriere architettoniche
  - Sostituzione di finestre comprensive di infissi
  - Impianti fotovoltaici
  - Colonnine per ricarica dei veicoli elettrici
- Detrazione al 75 per cento per interventi finalizzati al superamento e all'eliminazione di barriere architettoniche in edifici già esistenti

Spese ammesse alla detrazione

- Cumulabilità Superbonus e contributo per la ricostruzione
- Proroghe introdotte dalla legge di bilancio 2022

Opzione per lo sconto in fattura o per la cessione del credito in alternativa alle detrazioni

- Opzione in luogo della detrazione per bonus diversi dal Superbonus
- Opzione esercitata in relazione a stati di avanzamento lavori (SAL)
- Attività di controllo e profili di responsabilità in tema di utilizzo dei crediti
- Opzione per la cessione del credito ad un'impresa di assicurazione
- Soggetti che non possiedono redditi imponibili
- Modalità di computo dell'IVA indetraibile, anche parzialmente, ai fini del Superbonus
- Bonifico bancario

Adempimenti procedurali

- General contractor
- Visto di conformità e asseverazioni

- o Applicazione dello sconto da parte del professionista che rilascia il visto di conformità
- o Asseverazione interventi antisismici
- o Asseverazione ai fini della detrazione di cui all'articolo 16, comma 1-septies del decreto-legge n. 63 del 2013

Chiudono la circolare gli allegati, la legenda e l'appendice.

2.13. La Circolare 33/E del 6 ottobre 2022

La circolare 33/E introduce modifiche al decreto "Aiuti-bis" alla disciplina dell'opzione per la cessione o per lo sconto in luogo delle detrazioni fiscali di cui all'art. 121 del dl 34/2020. In particolare, fornisce chiarimenti sulla cessione dei crediti ai "correntisti" e precisa ulteriormente in merito agli "indici di diligenza", già elencati nella circolare 23/E dello scorso giugno.

Inoltre, presenta istruzioni per la gestione di eventuali errori nella comunicazione per l'esercizio delle opzioni di sconto in fattura e cessione del credito.

2.14. Decreto Aiuti quater del 18 novembre 2022

Il decreto Aiuti quater (D.L. n. 176/2022), convertito in legge n. 6/2023 (13 gennaio 2023), porta l'ennesima novità per la cessione dei bonus edilizi. Per effetto della modifica, saranno possibili massimo 5 passaggi: aumenta infatti da 2 a

3 il numero di cessioni effettuabili verso banche, intermediari finanziari, società appartenenti a gruppi bancari e assicurazioni.

Resta ferma la possibilità, per i crediti superbonus, di optare per la fruizione del credito fino a 10 quote annuali.

Per le imprese edili con problemi di liquidità è stato introdotto un prestito ponte garantito da Sace.

Si tratta della sesta modifica effettuata in poco più di un anno alla tematica della cessione del credito.

Ripercorriamo quanto è avvenuto con i vari decreti.

Un primo intervento, con cui sono stati previsti maggiori controlli, si è avuto con il D.L. n. 157/2021 (trasfuso nella legge di Bilancio 2022) che ha introdotto, a partire dal 12 novembre 2021, anche per i bonus minori (tranne per gli interventi di edilizia libera e di importo complessivo non superiore a 10.000 euro, fatta eccezione per il bonus facciate) l'obbligo del visto di conformità e dell'asseverazione nel caso di opzione per la cessione del credito o lo sconto in fattura.

Con il decreto Sostegni ter (D.L. n. 4/2022), invece, è stata preclusa la possibilità di ulteriori cessioni oltre la prima, con conseguente obbligo, per i cessionari, di utilizzare il credito esclusivamente in compensazione tramite modello F24.

Tali disposizioni restrittive sono state parzialmente allentate con il D.L. n. 13/2022 (trasfuso nella legge di conversione del decreto Sostegni ter). Nuove modifiche sono poi intervenute prima con il decreto Aiuti (D.L. n. 50/2022) e poi con la legge di conversione del decreto Semplificazioni (D.L. n. 73/2022).

Si è arrivati a stabilire che il credito si può cedere al massimo 4 volte.

La prima cessione è libera, mentre le due successive alla prima possono essere effettuate soltanto a favore di:

- banche;

- intermediari finanziari;

- società appartenenti a un gruppo bancario, come SGR, SIM, SICAV e SICAF;

- imprese di assicurazione autorizzate ad operare in Italia.

Alle banche, ovvero alle società appartenenti ad un gruppo bancario, è sempre consentita (quindi anche prima del quarto passaggio) la cessione a favore di soggetti diversi dai consumatori o utenti (ovvero da persone fisiche che agiscono per scopi estranei all'attività imprenditoriale, commerciale, artigianale o professionale) che abbiano stipulato un contratto di conto corrente con la banca stessa, ovvero con la banca capogruppo, senza facoltà di ulteriore cessione.

Con la nuova modifica apportata all'art. 121, D.L. n. 34/2020, il credito potrà essere ceduto 5 volte.

La novità è diventata operativa con l'entrata in vigore della legge di conversione del decreto Aiuti quater.

Secondo il nuovo schema, il **primo passaggio resterà libero**.

Il **cessionario**, a sua volta, potrà cedere il credito ricevuto esclusivamente ai soggetti "qualificati".

Saranno poi possibili **due ulteriori passaggi esclusivamente tra soggetti "qualificati"**.

Al riguardo, come chiarito dall'Agenzia delle Entrate nella risoluzione 45/E del 2 agosto 2022, nel caso di consolidato fiscale, il trasferimento dei crediti d'imposta derivanti da superbonus e altri sconti fiscali dalla controllata alla controllante, non realizza una cessione a terzi degli stessi crediti, ovvero un contratto tra un cedente e un cessionario attraverso il quale viene trasferito il diritto di credito nei confronti del debitore. Non costituendo il trasferimento dei crediti all'interno del consolidato un'ipotesi di cessione, i crediti possono essere ceduti ad altri soggetti, configurando successivamente una prima cessione.

Sarà sempre consentito alle banche cedere, in ogni momento, il credito ai clienti con Partita Iva che abbiano stipulato un contratto di conto corrente con la banca cedente o con la banca capogruppo (correntisti che, dopo aver acquistato il credito, non possono cederlo a loro volta).

Il ddl di conversione non apporta nessuna modifica al comma 4 dell'articolo 9 che ha introdotto la possibilità, per i crediti superbonus, di un allungamento dei termini per avvalersi dell'agevolazione fiscale da parte dei cessionari.

In particolare, la disposizione stabilisce che, per gli interventi rientranti nella disciplina del superbonus, i crediti d'imposta derivanti dalle comunicazioni di cessione o di sconto in fattura inviate all'Agenzia delle entrate entro il 31 ottobre 2022 e non ancora utilizzati, possono essere fruiti in **10 rate annuali** di pari importo, in luogo dell'originaria rateazione prevista per i predetti crediti (5 quote annuali di pari importo ovvero 4 per le spese sostenute a partire dal 1° gennaio 2022).

A tal fine, il fornitore o il cessionario dovrà preventivamente inviare una **comunicazione telematica alle Entrate**, secondo le modalità che saranno definite da un provvedimento della stessa Agenzia. La quota di bonus non utilizzata nell'anno non potrà essere usufruita negli anni successivi né richiesta a rimborso.

Con il decreto Aiuti quater si cerca anche di fornire liquidità alle imprese edili in difficoltà a causa del blocco del mercato dei crediti.

In particolare, con la nuova disposizione approvata (articolo 9, comma 4-quater) si introduce la **garanzia Sace a favore di banche** e altri soggetti abilitati all'esercizio del credito a fronte di finanziamenti, sotto qualsiasi forma, concessi alle **imprese edili**, con sede in Italia e rientranti nella **categoria ATECO 41 e 43**, che hanno realizzato gli interventi per la fruizione del superbonus per sopperire alle esigenze di liquidità.

Viene inoltre previsto che l'entità dei crediti d'imposta eventualmente maturati dall'impresa al 25 novembre 2022 potrà essere utilizzata e considerata dall'istituto di credito e/o finanziario ai fini della valutazione del merito creditizio dell'impresa richiedente il finanziamento e per la predisposizione delle relative condizioni.

La legge 6/2023, di conversione del DL 176/2022, ha:

- abrogato il comma 2 dell'art. 9 del decreto-legge che introduceva la scadenza del 25 novembre 2022 per la consegna della Cilas,

- ha modificato alcuni aspetti della cessione del credito.

Le modifiche che riguardano la cessione del credito sono:

viene confermata la possibilità di utilizzare i crediti presenti in piattaforma entro il 31 ottobre 2022 e non ancora utilizzati, spalmandoli in 10 anni anziché 5;

relativamente alle opzioni alla cessione, vengono portate a 3 (anziché 2) le cessioni al sistema bancario (modifica retroattiva che riguarda tutte le comunicazioni di cessioni presenti in piattaforma cessione dell'Agenzia delle Entrate in data antecedente la legge di conversione del Decreto Aiuti-quater).

Con quest'ultima modifica salgono a **cinque** le cessioni disponibili:

- la prima libera o "jolly";
- tre cessioni al sistema bancario;
- una ulteriore cessione concessa alle banche verso i correntisti non consumatori.

Si ricorda che al momento, la principale causa che sta bloccando le cessioni riguarda il concetto di sequestro preventivo (mai derogato dal Decreto Rilancio) previsto all'art. 321 del Codice di procedura penale.

2.15. Istanze di interpello

Come evidenziato sul sito dell'Agenzia delle Entrate, l'interpello è un'istanza che il contribuente rivolge all'Agenzia delle Entrate prima di attuare un comportamento fiscalmente rilevante, per ottenere chiarimenti in relazione a un caso concreto e personale in merito all'interpretazione, all'applicazione o alla disapplicazione di norme di legge di varia natura relative a tributi erariali.

L'istanza d'interpello deve contenere:

- i dati identificativi (compreso il codice fiscale) del contribuente o del suo eventuale rappresentante al quale si riferisce la questione interpretativa posta e nei cui riguardi dovrebbero prodursi gli effetti del parere reso dall'Amministrazione finanziaria. Ad esempio, nel caso di dubbi riguardanti detrazioni di una spesa, l'istanza deve contenere espressamente i dati del contribuente che intende beneficiare, nella propria dichiarazione dei redditi, della relativa detrazione;

- l'indicazione della specifica tipologia di interpello, la descrizione puntuale della fattispecie e, quindi, l'esposizione analitica della situazione concreta che ha generato il dubbio interpretativo (il contribuente non può limitarsi a una rappresentazione sommaria e approssimativa del caso);

- le disposizioni di legge di cui si chiede l'interpretazione, l'applicazione o la disapplicazione;

- l'indicazione dei recapiti per comunicare la risposta, compresi quelli telematici;

- la soluzione interpretativa proposta dal contribuente;

- la sottoscrizione dell'istante o del suo legale rappresentante ovvero del procuratore generale o speciale incaricato ai sensi dell'articolo 63 del D.P.R. 600 del 1973; in tal caso la procura, se non contenuta in calce o a margine dell'atto, deve essere allegata all'istanza.

Nel caso in cui le istanze siano carenti dei dati sopra indicati, l'ufficio invita il contribuente a fornire le informazioni mancanti entro 30 giorni.

Le istanze, redatte in carta libera e non soggette al pagamento dell'imposta di bollo, nel caso delle persone fisiche sono indirizzate alla Direzione regionale e possono essere presentate, preferibilmente, tramite una delle seguenti modalità:

- consegna a mano presso la sede della Direzione regionale;

- plico raccomandato con avviso di ricevimento sempre alla sede della Direzione regionale;

- posta elettronica certificata PEC alla casella della Direzione regionale.

Essendo il Superbonus una detrazione fiscale di recente emanazione, è normale che abbia generato in certi casi difficoltà interpretative. Per questo motivo sono diverse le istanze di interpello pervenute all'Agenzia delle Entrate per chiedere chiarimenti in merito a casi specifici.

Le risposte alle istanze di interpello relative al Superbonus vengono aggiornate sul sito dell'Agenzia con costante frequenza all'indirizzo online

https://www.agenziaentrate.gov.it/portale/risposte-alle-istanze-d-interpello-relative-al-superbonus

Si è pensato di riportare in questo libro solo alcune di esse (nell'Appendice A alla fine del libro), delle quali sono stati evidenziati gli aspetti che a nostro avviso sono più interessanti, e di rimandare il lettore ad un link esterno per scaricare di volta in volta il documento aggiornato che le contiene tutte. Il nostro scopo è quello di rendere più agevole la lettura delle Istanze ufficiali, le quali sono ricche di richiami normativi, mettendo in luce alcuni aspetti del Superbonus per i quali possono essere presenti ancora dei dubbi.

Per scaricare il pdf aggiornato con alcune delle Istanze di Interpello Superbonus da noi semplificate, scannerizza il QR code qui sotto:

Si rimanda invece al link ufficiale dell'Agenzia delle Entrate sopra riportato per una consultazione completa di tali Istanze.

3. A chi spetta il Superbonus 110%

3.1. Quali sono i soggetti beneficiari?

Possono richiedere l'accesso al Superbonus e quindi alla relativa detrazione del 110% sulle spese sostenute i seguenti soggetti:

a) i **condomìni** e le **persone fisiche**, al di fuori dell'esercizio di attività di impresa, arte o professione, con riferimento agli interventi su **edifici composti da due a quattro unità immobiliari distintamente accatastate**, <u>anche se posseduti da un unico proprietario</u> o in comproprietà da più persone fisiche[15];

b) le **persone fisiche**, al di fuori dell'esercizio di attività di impresa, arti e professioni. Le persone fisiche possono effettuare i lavori su un **massimo di due unità abitative**, fermo restando il riconoscimento della detrazione sulle spese per gli interventi sulle parti comuni degli edifici plurifamiliari che sono invece sempre possibili[16];

c) gli **Istituti Autonomi Case Popolari** (IACP) comunque denominati nonché gli enti aventi le stesse finalità sociali dei predetti Istituti, istituiti nella forma di società che rispondono ai requisiti della legislazione europea in materia di «*in house providing*» per interventi realizzati su immobili, di

---

[15] Legge Rilancio, art. 119 comma 9a, coordinata con la legge di Bilancio 2021.
[16] Legge Rilancio, art. 119 comma 9b e comma 10, coordinata con la legge di Bilancio 2021.

loro proprietà ovvero gestiti per conto dei comuni, **adibiti ad edilizia residenziale pubblica**[17];

d) le **cooperative di abitazione a proprietà indivisa**, per interventi realizzati su immobili dalle stesse posseduti e assegnati in godimento ai propri soci[18];

e) le **organizzazioni non lucrative di utilità sociale**, le **organizzazioni di volontariato** e le **associazioni di promozione sociale**[19];

f) le **associazioni** e le **società sportive dilettantistiche** limitatamente ai lavori destinati ai soli immobili o parti di immobili **adibiti a spogliatoi**[20].

La legge semplificazioni 2021 prevede un prolungamento dei termini per cambiare la residenza ai fini dell'accesso alle agevolazioni prima casa nel caso si effettuino interventi detraibili con il Superbonus.

Il nuovo comma 10-ter dell'art. 119 prevede infatti che nel caso di acquisto di immobili sottoposti ad uno o più interventi trainanti, **il termine per stabilire la residenza è di 30 mesi dalla data di stipulazione dell'atto di compravendita.**

---

[17] Legge Rilancio, art. 119 comma 9c, coordinata con la legge di Bilancio 2021.

[18] Legge Rilancio, art. 119 comma 9d, coordinata con la legge di Bilancio 2021.

[19] Legge Rilancio, art. 119 comma 9d-bis, coordinata con la legge di Bilancio 2021.

[20] Legge Rilancio, art. 119 comma 9e, coordinata con la legge di Bilancio 2021.

3.1.1. Condomìni

Sono ammessi al Superbonus gli interventi, effettuati dai condomìni, di isolamento termico delle superfici opache verticali, orizzontali e inclinate che interessano l'involucro dell'edificio, nonché gli interventi realizzati sulle parti comuni degli edifici stessi per la sostituzione degli impianti di climatizzazione invernale esistenti con impianti centralizzati.

Tenuto conto dell'espressione utilizzata dal legislatore riferita espressamente ai «condomìni» e non alle "parti comuni" di edifici, ai fini dell'applicazione dell'agevolazione l'edificio oggetto degli interventi deve essere costituito in condominio secondo la disciplina civilistica prevista[21]. **A tal fine si ricorda che il "condominio" costituisce una particolare forma di comunione in cui coesiste la proprietà individuale dei singoli condòmini, costituita dall'appartamento o altre unità immobiliari accatastate separatamente (box, cantine, etc.), ed una comproprietà sui beni comuni dell'immobile.**

Il condominio **può svilupparsi sia in senso verticale che in senso orizzontale.**

Si tratta di una comunione forzosa, non soggetta a scioglimento, in cui il condomino non può, rinunciando al diritto sulle cose comuni, sottrarsi al sostenimento delle spese per la loro conservazione e sarà comunque tenuto a parteciparvi in proporzione ai millesimi di proprietà.

La nascita del condominio si determina automaticamente, senza che sia necessaria alcuna deliberazione, nel momento

---

[21] In base agli articoli da 1117 a 1139 del codice civile.

in cui più soggetti costruiscono su un suolo comune ovvero quando l'unico proprietario di un edificio ne cede a terzi piani o porzioni di piano in proprietà esclusiva, realizzando l'oggettiva condizione del frazionamento.

In presenza di un "**condominio minimo**", ovvero di <u>edificio composto da un numero non superiore a otto condòmini</u>, risultano comunque applicabili le norme civilistiche sul condominio, fatta eccezione degli articoli che disciplinano, rispettivamente, la nomina dell'amministratore (nonché l'obbligo da parte di quest'ultimo di apertura di un apposito conto corrente intestato al condominio) e il regolamento di condominio (necessario in caso di più di dieci condòmini).

Al fine di beneficiare del Superbonus per i lavori realizzati sulle parti comuni, i condomìni che, non avendone l'obbligo, non abbiano nominato un amministratore non sono tenuti a richiedere il codice fiscale. In tali casi, ai fini della fruizione del beneficio, **può essere utilizzato il codice fiscale del condomino che ha effettuato i connessi adempimenti**. Il contribuente è comunque tenuto a dimostrare che gli interventi sono stati effettuati su parti comuni dell'edificio.

Per quanto riguarda l'**individuazione delle parti comuni interessate dall'agevolazione**, è necessario far riferimento all'articolo 1117 del codice civile, ai sensi del quale sono parti comuni, tra l'altro, il suolo su cui sorge l'edificio, i tetti e i lastrici solari nonché le opere, le installazioni, i manufatti di qualunque genere che servono all'uso e al godimento comune, come gli impianti per l'acqua, per il gas, per l'energia elettrica, per il riscaldamento e simili fino al punto di diramazione degli impianti ai locali di proprietà esclusiva dei singoli condòmini.

Il singolo condomino usufruisce della detrazione per i lavori effettuati sulle parti comuni degli edifici, in ragione dei millesimi di proprietà o di diversi criteri[22].

La legge di Bilancio 2021 ha concesso l'accesso al Superbonus anche agli edifici composti da due a quattro unità immobiliari distintamente accatastate, anche se posseduti da un unico proprietario o in comproprietà da più persone fisiche.

Poteri e limiti dell'assemblea condominiale

L'Amministratore, in ottica Superbonus, dovrà convocare un'assemblea informativa (o più di una) nella quale vengono illustrate ai condòmini le caratteristiche di questo incentivo.

L'autorizzazione a procedere con i lavori verrà sancita dall'assemblea con una approvazione con un numero di voti che rappresenti **la maggioranza degli intervenuti e almeno un terzo del valore dell'edificio (in millesimi)**. Allo stesso modo, anche la richiesta di un finanziamento, come la decisione di esercitare l'opzione dello sconto in fattura o della cessione del credito, è autorizzata con gli stessi quorum assembleari. È inoltre possibile per l'assemblea condominiale deliberare la ripartizione dell'intera spesa fra uno o più condomini senza necessariamente rispettare la suddivisione delle spese e della detrazione in base ai millesimi.

Il potere dell'assemblea è comunque limitato nei seguenti casi: può capitare che gli interventi migliorativi previsti dal tecnico per arrivare al salto delle due classi energetiche, possano interessare delle parti di proprietà esclusiva. È il caso, per esempio, della sostituzione degli infissi, che costituiscono un intervento "trainato" da effettuare sulle

---

[22] Applicabili ai sensi degli articoli 1123 e seguenti del codice civile.

singole unità immobiliari dei condòmini e quindi su delle proprietà esclusive. Su questi interventi l'assemblea non ha alcuna competenza ed essi devono essere approvati dai singoli proprietari.

In sostanza, l'assemblea del condominio può decidere soltanto sulle parti comuni e, quindi, non potrebbe deliberare con la sola **maggioranza semplice** l'approvazione di tutti i lavori che danno accesso al Superbonus: se sono previsti degli interventi su parti esclusive, ci vorrà il consenso di tutti i proprietari degli appartamenti interessati.

3.1.2. Persone fisiche

Il Decreto Rilancio individua tra i soggetti destinatari del Superbonus «*le persone fisiche, al di fuori dell'esercizio di attività di impresa, arti e professioni*».

La detrazione riguarda tutti i contribuenti residenti e non residenti nel territorio dello Stato che sostengono le spese per l'esecuzione degli interventi agevolati.

Con l'espressione «*al di fuori dell'esercizio di attività di impresa, arti e professioni*», si intende precisare che il godimento del Superbonus riguarda unità immobiliari (oggetto di interventi qualificati) non riconducibili ai cosiddetti "beni relativi all'impresa"[23] o a quelli strumentali per l'esercizio di arti o professioni[24].

Ne consegue che, la detrazione spetta anche ai contribuenti persone fisiche che svolgono attività di impresa o arti e

---

[23] Articolo 65 del TUIR: Relativamente agli immobili, l'articolo 65, comma 1, del Tuir stabilisce che quelli "*di cui al comma 2 dell'articolo 43 si considerano relativi all'impresa solo se indicati nell'inventario*".
[24] Articolo 54, comma 2, del TUIR.

professioni, qualora le spese sostenute abbiano ad oggetto interventi effettuati su immobili appartenenti all'ambito "privatistico" e, dunque, diversi:

- da quelli strumentali, alle predette attività di impresa o arti e professioni;

- dalle unità immobiliari che costituiscono l'oggetto della propria attività;

- dai beni patrimoniali appartenenti all'impresa.

Quindi i contribuenti persone fisiche che svolgono attività di impresa o arti e professioni possono chiedere il Superbonus per ristrutturare la loro abitazione di residenza.

La norma stabilisce, inoltre, che tale limitazione riguarda esclusivamente gli interventi realizzati «su unità immobiliari», in quanto **i soggetti titolari di reddito d'impresa e gli esercenti arti e professioni** possono fruire del Superbonus in relazione alle spese sostenute per **interventi realizzati sulle parti comuni degli edifici in condominio**, qualora gli stessi partecipino alla ripartizione delle predette spese in qualità di condòmini. In tal caso, la detrazione spetta, in relazione agli interventi riguardanti le parti comuni, a prescindere dalla circostanza che gli immobili posseduti o detenuti dai predetti soggetti siano immobili strumentali alle attività di impresa o arti e professioni ovvero unità immobiliari che costituiscono l'oggetto delle attività stesse ovvero, infine, beni patrimoniali appartenenti all'impresa.

Quindi, per esempio, un ufficio situato in un condominio, che partecipi alle spese condominiali, può usufruire del Superbonus per quanto riguarda l'applicazione del cappotto esterno, che avviene su una parte comune; lo stesso ufficio, invece, non può accedere all'agevolazione per quanto riguarda la sostituzione degli infissi in quanto l'intervento interesserebbe l'«unità immobiliare».

Le persone fisiche possono beneficiare del Superbonus relativamente alle spese sostenute per interventi realizzati su massimo due unità immobiliari. Tale limitazione non si applica, invece, alle spese sostenute per gli interventi effettuati sulle parti comuni dell'edificio.

Ai fini della detrazione, **le persone fisiche che sostengono le spese devono possedere o detenere l'immobile oggetto dell'intervento** in base ad un titolo idoneo, al momento di avvio dei lavori o al momento del sostenimento delle spese, se antecedente il predetto avvio. La **data di inizio dei lavori** deve risultare dai titoli abilitativi, se previsti, ovvero da una dichiarazione sostitutiva di atto di notorietà[25]. In particolare, i soggetti beneficiari devono:

- **possedere** l'immobile in qualità di proprietario, nudo proprietario o di titolare di altro diritto reale di godimento (usufrutto, uso, abitazione o superficie);

- **detenere** l'immobile in base ad un contratto di locazione, anche finanziaria, o di comodato, regolarmente registrato, ed essere in possesso del consenso all'esecuzione dei lavori da parte del proprietario.

Al fine di garantire la necessaria certezza ai rapporti tributari, **la mancanza di un titolo** di detenzione dell'immobile risultante da un atto registrato, al momento dell'inizio dei lavori o al momento del

---

[25] Effettuata nei modi e nei termini previsti dal decreto del Presidente della Repubblica 28 dicembre 2000, n. 445.

sostenimento delle spese se antecedente, **preclude il diritto** alla detrazione anche se si provvede alla successiva regolarizzazione.

Sono ammessi a fruire della detrazione anche i **familiari del possessore o del detentore dell'immobile**, (coniuge, componente dell'unione civile, parenti entro il terzo grado e affini entro il secondo grado)[26] nonché i conviventi di fatto[27], sempreché sostengano le spese per la realizzazione dei lavori. La detrazione spetta a tali soggetti, a condizione che:

- siano conviventi con il possessore o detentore dell'immobile oggetto dell'intervento alla data di inizio dei lavori o al momento del sostenimento delle spese ammesse alla detrazione se antecedente all'avvio dei lavori;

- le spese sostenute riguardino interventi eseguiti su un immobile, anche diverso da quello destinato ad abitazione principale, nel quale può esplicarsi la convivenza. La detrazione, pertanto, non spetta al familiare del possessore o del detentore dell'immobile nel caso di interventi effettuati su immobili che non sono a disposizione (in quanto locati o concessi in comodato).

Per fruire del Superbonus non è necessario che i familiari abbiano sottoscritto un contratto di comodato essendo sufficiente che attestino, mediante una dichiarazione sostitutiva di atto notorio, di essere familiari conviventi.

---

[26] Individuati ai sensi dell'articolo 5, comma 5, del TUIR.
[27] Ai sensi della legge n. 76 del 2016.

Contribuenti non soggetti ad IRPEF

In linea generale, trattandosi di una detrazione dall'imposta lorda, il Superbonus non può essere utilizzato dai soggetti che possiedono esclusivamente redditi assoggettati a tassazione separata o ad imposta sostitutiva ovvero che non potrebbero fruire della corrispondente detrazione in quanto l'imposta lorda è assorbita dalle altre detrazioni o non è dovuta (come nel caso dei soggetti che rientrano nella cd. no tax area).

È il caso, ad esempio, dei soggetti titolari esclusivamente di redditi derivanti dall'esercizio di attività d'impresa o di arti o professioni che aderiscono al **regime forfetario**[28], poiché il loro reddito (determinato forfetariamente) è assoggettato ad imposta sostitutiva.

I predetti soggetti, tuttavia, possono optare, ai sensi dell'articolo 121 del Decreto Rilancio, in luogo dell'utilizzo diretto della detrazione, per un contributo sotto forma di sconto sul corrispettivo dovuto (cd. **sconto in fattura**) anticipato dal fornitore che ha effettuato gli interventi e da quest'ultimo recuperato sotto forma di credito d'imposta, con facoltà di successiva cessione del credito ad altri soggetti, inclusi gli istituti di credito e gli altri intermediari finanziari. In alternativa, i contribuenti possono, altresì, optare per la **cessione di un credito d'imposta** di importo corrispondente alla detrazione ad altri soggetti, inclusi istituti di credito e altri intermediari finanziari con facoltà, per questi ultimi, di successiva cessione.

Ai fini dell'esercizio dell'opzione, non è rilevante, infatti, la circostanza che il reddito non concorra alla formazione della

---

[28] Di cui all'articolo 1, commi da 54 a 89 della legge 23 dicembre 2014, n. 190.

base imponibile oppure che l'imposta lorda sia assorbita dalle altre detrazioni o non è dovuta, essendo tale istituto finalizzato ad incentivare l'effettuazione degli interventi indicati nel Superbonus prevedendo meccanismi alternativi alla fruizione della detrazione che non potrebbe essere utilizzata direttamente in virtù delle modalità di tassazione del contribuente potenzialmente soggetto ad imposizione diretta.

Resta fermo, tuttavia, che qualora i soggetti titolari di redditi assoggettati a tassazione separata o ad imposta sostitutiva possiedano anche redditi che concorrono alla formazione del reddito complessivo, potranno utilizzare direttamente il Superbonus in diminuzione dalla corrispondente imposta lorda.

Soggetti che non possiedono redditi imponibili

Il Superbonus, inoltre, non spetta ai soggetti che non possiedono redditi imponibili i quali, inoltre, non possono esercitare l'opzione per lo sconto in fattura o per la cessione del credito. Si tratta, ad esempio, delle **persone fisiche non fiscalmente residenti in Italia che detengono l'immobile** oggetto degli interventi in base ad un contratto di locazione o di comodato.

Restano, infine, esclusi dalle agevolazioni in esame (fruizione diretta del Superbonus o, in alternativa esercizio dell'opzione per lo sconto in fattura o per la cessione), **gli organismi di investimento collettivo del risparmio (mobiliari e immobiliari)** che, pur rientrando nel novero dei soggetti all'imposta sul reddito delle società (IRES), non sono soggetti alle imposte sui redditi e all'imposta regionale sulle attività produttive.

Chi sta comprando un immobile

Ha diritto alla detrazione anche il **promissario acquirente dell'immobile oggetto di intervento** immesso nel possesso, a condizione che sia stato stipulato un contratto preliminare di vendita dell'immobile regolarmente registrato.

3.1.3. "Comunità energetiche rinnovabili"

Il Superbonus spetta anche alle "**comunità energetiche rinnovabili**" costituite in forma di enti non commerciali o da parte di condomìni che aderiscono alle "configurazioni"[29], limitatamente alle spese sostenute per impianti a fonte rinnovabile gestiti dai predetti soggetti[30].

Al riguardo, si osserva che, per le sole Comunità energetiche rinnovabili costituite in forma di enti non commerciali o di condomìni in accordo alla richiamata normativa di settore, l'esercizio di un impianto fotovoltaico di potenza fino a 200 kW, non costituisce svolgimento di attività commerciale abituale[31].

Per tali fattispecie, il Superbonus si applica sul costo dell'impianto fino alla potenza di 20 kW e per la quota riferita alla eccedenza (e, comunque, fino a 200 kW) spetta la detrazione pari al 50 per cento delle spese, e fino a un ammontare complessivo di spesa non superiore a euro 96.000 riferito all'intero impianto[32].

---

[29] In accordo a quanto previsto dall'articolo 42-bis del decreto-legge 30 dicembre 2019, n. 162, convertito, con modificazioni, dalla legge 28 febbraio 2020, n. 8.
[30] In base all'articolo 119, commi 5 e 6 del Decreto Rilancio.
[31] In base al comma 16 bis dell'articolo 119.
[32] In base al comma 16 ter dell'articolo 119.

3.2. Quali edifici?

3.2.1. Edifici ammessi

Possono beneficiare del Superbonus le persone fisiche che vivono in:

a) **condomini**;

b) **edifici composti da due a quattro unità immobiliari** distintamente accatastate possedute da un unico proprietario o in comproprietà;

c) **edifici unifamiliari**;

d) **unità immobiliari** site all'interno di edifici plurifamiliari che siano **funzionalmente indipendenti** e dispongano di uno o più **accessi autonomi dall'esterno**.

Un'unità immobiliare può ritenersi **"funzionalmente indipendente"** qualora sia dotata di <u>almeno tre</u> delle seguenti installazioni o manufatti di proprietà esclusiva:

- impianti per l'approvvigionamento idrico

- impianti per il gas

- impianti per l'energia elettrica

- impianto di climatizzazione invernale

Per "**accesso autonomo dall'esterno**" si intende invece un accesso indipendente, non comune ad altre unità immobiliari, chiuso da cancello o portone di ingresso che consenta l'accesso dalla strada o da cortile o giardino, anche di proprietà non esclusiva.

Chi vive in un edificio unifamiliare, o in unità immobiliari site all'interno di edifici plurifamiliari funzionalmente indipendenti e con uno o più accessi autonomi dall'esterno, può svolgere i lavori, sia trainanti che trainati, sulla propria singola abitazione. Chi vive in un edificio plurifamiliare (**condominio**), al contrario, deve innanzitutto svolgere **i lavori trainanti sulle parti comuni**. Può successivamente effettuare **gli interventi trainati anche sulla singola unità immobiliare e sulle parti comuni**.

Ai fini del Superbonus l'intervento deve **riguardare edifici o unità immobiliari "esistenti"**, non essendo agevolati gli interventi realizzati in fase di nuova costruzione (esclusa l'installazione di sistemi solari fotovoltaici).

L'agevolazione spetta anche a fronte di interventi realizzati mediante **demolizione e ricostruzione** inquadrabili nella categoria della *"ristrutturazione edilizia"*[33].

Altra condizione fondamentale per l'accesso al bonus è che gli edifici oggetto degli interventi siano **dotati di impianti di riscaldamento funzionanti**, presenti negli ambienti in cui si realizza l'intervento agevolabile. Questa condizione è richiesta per tutte le tipologie di interventi agevolabili ad eccezione dell'installazione dei collettori solari per produzione di acqua calda e dei generatori alimentati a biomassa e delle schermature solari. Pertanto, ad esempio, **qualora l'edificio sia privo di impianto di riscaldamento, in caso di realizzazione di un nuovo impianto, non potrà fruire del Superbonus.**

Per impianto termico si intende: *«impianto tecnologico fisso destinato ai servizi di climatizzazione invernale o estiva degli ambienti, con o senza produzione di acqua calda*

---

[33] Ai sensi dell'articolo 3, comma 1, lett. d) del d.P.R. 6 giugno 2001, n. 380, "Testo unico delle disposizioni legislative e regolamentari in materia edilizia".

sanitaria, o destinato alla sola produzione di acqua calda sanitaria, indipendentemente dal vettore energetico utilizzato, comprendente eventuali sistemi di produzione, distribuzione, accumulo e utilizzazione del calore nonché gli organi di regolazione e controllo, eventualmente combinato con impianti di ventilazione. Non sono considerati impianti termici i sistemi dedicati esclusivamente alla produzione di acqua calda sanitaria al servizio di singole unità immobiliari ad uso residenziale ed assimilate»[34].

Ciò implica, pertanto, che anche ai fini del Superbonus è necessario che l'impianto di riscaldamento, funzionante o riattivabile con un intervento di manutenzione, anche straordinaria, sia presente nell'immobile oggetto di intervento.

Per gli interventi realizzati a partire dall'11 giugno 2020 (data di entrata in vigore del d.lgs. 10 giugno 2020 n. 48), per effetto della nuova definizione normativa di impianto termico, **le stufe a legna o a pellet, anche caminetti e termocamini, purché fissi, sono considerati «impianto di riscaldamento».**

Per gli interventi realizzati prima di tale data, invece, in base alla previgente disposizione, opera l'assimilazione agli impianti termici delle stufe, caminetti, apparecchi per il riscaldamento localizzato ad energia radiante, scaldacqua unifamiliari; se fissi e quando la somma delle potenze nominali del focolare degli apparecchi al servizio della singola unità immobiliare è maggiore o uguale a 15 kW[35].

---

[34] Ai sensi del punto l-tricies del comma 1 dell'articolo 2 del d.lgs. 19 agosto 2005, n. 192, come recentemente modificato dal d.lgs. 10 giugno 2020, n.48.
[35] Cfr. Risoluzione 12 agosto 2009 n. 215/E.

3.2.2. Unità immobiliari non residenziali

L'agevolazione riguarda le spese sostenute per interventi effettuati su **singole unità immobiliari residenziali e su parti comuni di edifici residenziali (condomìni)** situati nel territorio dello Stato. Come già precisato, sono escluse le spese sostenute per interventi su immobili utilizzati per lo svolgimento di attività di impresa, arti e professioni.

In caso di interventi realizzati sulle parti comuni di un edificio, le relative spese possono essere considerate, ai fini del calcolo della detrazione, soltanto se riguardano un edificio residenziale considerato nella sua interezza.

Qualora la superficie complessiva delle unità immobiliari destinate a residenza ricomprese nell'edificio sia superiore al 50 per cento, è possibile ammettere alla detrazione anche il proprietario e il detentore di unità immobiliari non residenziali (ad esempio strumentale o merce) che sostengano le spese per le parti comuni. **Se tale percentuale risulta inferiore**, è comunque ammessa la detrazione per le spese realizzate sulle parti comuni da parte dei possessori o detentori di unità immobiliari destinate ad abitazione comprese nel medesimo edificio[36].

In caso di interventi realizzati sulle parti comuni, inoltre, la detrazione spetta anche ai possessori (o detentori) di sole pertinenze (come, ad esempio, box o cantine) che abbiano sostenuto le spese relative a tali interventi.

---

[36] Cfr. circolare n.19/E/2020.

3.2.3. Edifici vincolati

Qualora l'edificio sia sottoposto ad almeno uno dei vincoli previsti dal Codice dei beni culturali e del paesaggio[37] o gli interventi cd. *"trainanti"* di efficientamento energetico siano vietati da regolamenti edilizi, urbanistici e ambientali, la detrazione del 110 per cento si applica in ogni caso a tutti gli interventi cd. *"trainati"*, fermo restando il rispetto della condizione che tali interventi portino a un miglioramento minimo di due classi energetiche oppure, ove non possibile, il conseguimento della classe energetica più alta in quanto l'edificio o l'unità immobiliare è già nella penultima (terzultima) classe.[38]

Nel caso di un **condominio vincolato**, se gli interventi riguardano tutte le unità immobiliari riscaldate che compongono l'edificio, la verifica del miglioramento di due classi energetiche si esegue considerando l'intero edificio.

Qualora, invece, l'intervento riguardi la singola unità immobiliare, la verifica va effettuata con riferimento a unità immobiliare come se si trattasse di una unità immobiliare funzionalmente indipendente.

3.2.4. Edifici collabenti

È possibile fruire del Superbonus anche nel caso di interventi realizzati su una unità censita al Catasto Fabbricati nella categoria catastale F/2 (*"unità collabenti"*), sia per quanto

---

[37] Decreto legislativo 22 gennaio 2004, n.42.
[38] Come chiarito nella circolare n. 24/E del 2020.

riguarda gli interventi di efficienza energetica sia per gli interventi antisismici.

Gli immobili classificati nella categoria catastale F/2, pur trattandosi di una categoria riferita a fabbricati totalmente o parzialmente inagibili e non produttivi di reddito, possono essere considerati come edifici esistenti, trattandosi di manufatti già costruiti e individuati catastalmente.

Ai fini del Superbonus, inoltre, per gli edifici collabenti, nei quali l'impianto di riscaldamento non è funzionante, deve essere dimostrabile che l'edificio è dotato di impianto di riscaldamento rispondente alle caratteristiche tecniche[39] e che tale impianto è situato negli ambienti nei quali sono effettuati gli interventi di riqualificazione energetica.

Pertanto, è possibile beneficiare del Superbonus anche relativamente alle spese sostenute per gli interventi realizzati su edifici classificati nella categoria catastale F/2 a condizione, tuttavia, che al termine dei lavori l'immobile rientri in una delle categorie catastali ammesse al beneficio (immobili residenziali diversi da A/1, A/8, A/9 e relative pertinenze).

Sono compresi fra gli edifici che accedono alle detrazioni anche gli **edifici privi di attestato di prestazione energetica** perché sprovvisti di copertura, di uno o più muri perimetrali, o di entrambi, purché al termine degli interventi, che devono comprendere anche interventi di isolamento termico delle superfici opache (anche in caso di demolizione e ricostruzione o di ricostruzione su sedime esistente), **raggiungano una classe energetica in fascia A.**

---

[39] Previste dal d.lgs. 19 agosto 2005 n. 192.

3.2.5. Edifici esclusi

Sono escluse le unità immobiliari appartenenti alle categorie catastali:

- **A/1 - Abitazioni di tipo signorile**

  Unità immobiliari appartenenti a fabbricati ubicati in zone di pregio con caratteristiche costruttive, tecnologiche e di rifiniture di livello superiore a quello dei fabbricati di tipo residenziale.

- **A/8 - Abitazioni in ville**

  Per ville devono intendersi quegli immobili caratterizzati essenzialmente dalla presenza di parco e/o giardino, edificate in zone urbanistiche destinate a tali costruzioni o in zone di pregio con caratteristiche costruttive e di rifiniture, di livello superiore all'ordinario.

- **A/9 (per le unità immobiliari non aperte al pubblico) - Castelli, palazzi di eminenti pregi artistici o storici**

  Rientrano in questa categoria i castelli ed i palazzi eminenti che per la loro struttura, la ripartizione degli spazi interni e dei volumi edificati non sono comparabili con le Unità tipo delle altre categorie; costituiscono ordinariamente una sola unità immobiliare.

  È compatibile con l'attribuzione della categoria A/9 la presenza di altre unità, funzionalmente indipendenti, censibili nelle altre categorie.

Nel caso in cui siano effettuati interventi su edifici che rientrano in una delle categorie catastali sopra indicate, il contribuente potrà, comunque, beneficiare delle altre detrazioni spettanti per tali interventi, in presenza dei requisiti e degli adempimenti necessari a tal fine.

4. Quali sono le tempistiche e le date del Superbonus?

Il Superbonus è stato introdotto dal 01 luglio 2020, ma è a partire dal 06 ottobre 2020 che i due decreti di riferimento, ovvero il Decreto Requisiti Ecobonus e il Decreto Asseverazioni, sono diventati ufficiali dopo essere stati pubblicati in Gazzetta Ufficiale.

4.1. Scadenza della detrazione

La detrazione si applica nella misura del 110 per cento per le spese documentate e rimaste a carico del contribuente, sostenute **dal 1° luglio 2020** da ripartire tra gli aventi diritto in cinque quote annuali di pari importo e in **quattro quote annuali** di pari importo per la parte di spese sostenute dal 1° gennaio 2022.

La scadenza della detrazione è il **30 settembre 2022 per persone fisiche in edifici unifamiliari**. Se alla data del 30 settembre 2022 sono stati effettuati lavori per almeno il 30 per cento dell'intervento complessivo, **la detrazione del 110 per cento spetta anche per le spese sostenute entro il 31 marzo 2023**.

Per il **2023**, invece, è possibile beneficiare di una **detrazione al 90%** se si verificano le seguenti condizioni:

1. l'unità immobiliare sia adibita ad abitazione principale;
2. il contribuente abbia un reddito di riferimento non superiore a 15.000 euro;

3. il contribuente abbia un <u>diritto reale di godimento</u> <u>sull'immobile</u>.

Per gli interventi effettuati dai **condomìni**, dalle **persone fisiche su edifici composti da due a quattro unità immobiliari distintamente accatastate**, anche se posseduti da un unico proprietario o in comproprietà da più persone fisiche, e dalle **ONLUS, la detrazione è prorogata fino a tutto il 2025,** ma con un **decalage:**

- il bonus **resta al 110%** per le spese sostenute **entro il 31 dicembre 2022**;
- **rimane al 110% o passa al 90%** nell'anno **2023** in funzione delle casistiche che riportiamo sotto;
- **scende al 70%** per le spese sostenute **nel 2024;**
- **passa al 65%** per le spese sostenute **fino al 31 dicembre 2025.**

Per i condomìni possiamo fare la distinzione tra caso A) e caso B).

CASO A) beneficiano del 110% per tutto il 2023 i seguenti interventi:

1. Interventi effettuati da persone fisiche con edifici da 2 a 4 unità immobiliari di un unico proprietario o in comproprietà, con **CILA-S <u>presentata</u> al 25 novembre 2022.**

2. Interventi effettuati da condomìni con:

   o delibera assembleare adottata entro il **18 novembre 2022** + dichiarazione sostitutiva;

   o CILA-S presentata entro il **31 dicembre 2022.**

3. Interventi effettuati dai condòmini con:

- o delibera assembleare adottata tra il **19 e il 24 novembre 2022** + dichiarazione sostitutiva;

- o CILA-S presentata entro il **25 novembre 2022**.

4. Interventi di demolizione e ricostruzione con istanza presentata entro il **31 dicembre 2022**.

CASO B) beneficiano del 90% per tutto il 2023 tutti gli altri interventi non rientranti nel caso A).

La dichiarazione sostitutiva di atto notorio su menzionata, deve essere eseguita dall'amministratore di condominio o dal condòmino che si fa responsabile della procedura, per attestare che la delibera è stata adottata entro il 18 novembre o tra il 18 e il 24 novembre.

Nel caso A.4) (ovvero per gli interventi di demoricostruzione) l'istanza è la richiesta di un titolo abilitativo, che non può essere la CILA-S ma sarà il permesso di costruire o la SCIA alternativa al permesso di costruire.

Si parla ora di CILA-S "presentata", termine che è stato modificato rispetto a quanto scritto nel DL Aiuti quater.

Per gli interventi effettuati dagli **Istituti Autonomi Case Popolari** (IACP) e **cooperative** di abitazione a proprietà indivisa su immobili assegnati in godimento ai propri soci, per i quali <u>alla data del 30 giugno 2023 siano stati effettuati</u>

lavori per almeno il 60 per cento dell'intervento complessivo, **la detrazione del 110 per cento spetta anche per le spese sostenute entro il 31 dicembre 2023**.

Per gli **enti del terzo settore**, se la CILA-S viene presentata entro il 25/11/2022, la detrazione rimane al 110% fino al 31/12/2023; se in possesso dei requisiti di cui all'art.119, comma 10-bis (si veda paragrafo 6.6), la detrazione al 110% si ha fino al 31/12/2025. In caso contrario, la detrazione passa al 90% per tutto il 2023.

Per gli interventi effettuati nei **comuni dei territori colpiti da eventi sismici** dal 1° aprile 2009, laddove sia stato dichiarato lo stato di emergenza, **la detrazione resta al 110% per tutte le spese sostenute fino al 31 dicembre 2025**. Si tratta del cosiddetto Superbonus 110% rafforzato.

Per altri beneficiari (previsti al comma 9 dell'art. 119), la scadenza rimane il 30 giugno 2022.

Per una consultazione più agevole, si riporta nell'appendice C, un'infografica rappresentativa delle nuove scadenze relative al Superbonus 110% e agli altri Bonus.

4.1.1. Reddito di riferimento ed abitazione principale

Relativamente agli edifici unifamiliari si è parlato di reddito di riferimento ed abitazione principale. Vogliamo qui fornire le relative definizioni per contestualizzare al meglio il caso degli edifici unifamiliari che potranno beneficiare della detrazione al 90% per il 2023.

Il **reddito di riferimento** per il Superbonus si ottiene dividendo la somma dei redditi complessivi del contribuente, del coniuge (o soggetto assimilato) e familiari a carico (di cui all'art. 12 c.2 del TUIR)), relativi all'anno precedente quello di sostenimento della spesa, per un numero che varia in funzione della condizione familiare secondo quanto segue:

- Contribuente: 1
- Coniuge convivente: +1
- Familiari a carico:
  - un familiare: + 0,5
  - 2 familiari: +1
  - 3 o più familiari: +2

Per essere considerati fiscalmente a carico, i familiari devono possedere un reddito complessivo non superiore a 2.840,51 euro, al lordo degli oneri deducibili. Inoltre, per i figli di età non superiore a 24 anni il limite di reddito complessivo di cui al primo periodo è elevato a 4.000 euro.

Al reddito complessivo si sommano anche le retribuzioni corrisposte da enti e organismi internazionali, rappresentanze diplomatiche e consolari e missioni, nonché quelle corrisposte dalla Santa Sede, dagli enti gestiti direttamente da essa e dagli enti centrali della Chiesa cattolica.

Si vuole suggerire un tool gratuito online che consente di calcolare rapidamente il reddito di riferimento. Basta inserire i dati relativi a reddito e numero di componenti familiari per scoprire subito se si supera la soglia limite di accesso al superbonus:

https://www.acca.it/proroga-superbonus-110-reddito#software-calcolo-reddito-riferimento

L'**abitazione principale** è definita come l'unità immobiliare in cui il soggetto passivo e i componenti del suo nucleo familiare risiedono anagraficamente e dimorano abitualmente. È differente quindi dalla definizione di prima casa.

4.2. Data di inizio lavori – requisiti tecnici

I requisiti tecnici da rispettare per gli interventi previsti dal Superbonus variano in funzione della data di inizio lavori.

Data di inizio lavori	Requisiti tecnici
Prima del 01/07/2020	• Requisiti: DM 19/02/2007 e ss.mm.ii. • Legge di riferimento: art. 119 e 121
Tra il 01/07/2020	• Requisiti: DM 19/02/2007 e ss.mm.ii. • Legge di riferimento: art. 119 e 121

e il 05/10/2020	
A partire dal 06/10/2020	• Requisiti: DM 06/08/2020 • Legge di riferimento: art. 119 e 121

La data di inizio lavori può essere comprovata dalla data di deposito in Comune della relazione tecnica (ex Legge 10/91).

4.3. Data di inizio lavori – prezzari

I prezzari da utilizzare per verificare la congruità delle spese per gli interventi previsti dal Superbonus variano in funzione della data di inizio lavori.

Data di inizio lavori	Prezzari
Prima del 01/07/2020	• Prezzari Regionali/province autonome • Listini ufficiali o listini delle CCIAA • Prezzi correnti (in difetto) di mercato in base al luogo di effettuazione degli interventi
Tra il 01/07/2020 e il 05/10/2020	• Prezzari Regionali/province autonome • Listini ufficiali o listini delle CCIAA • Prezzi correnti (in difetto) di mercato in base al luogo di effettuazione degli interventi
Tra il 06/10/2020 e il 14/04/2022	• Prezzari regionali o DEI secondo la procedura di cui all'allegato A, punto 13, DM 06/08/2020

A partire dal 15/04/2022	Doppia verifica: • Allegato A DM 75/2022 • Prezzari regionali o DEI secondo la procedura di cui all'allegato A, punto 13, DM 06/08/2020

La data di inizio lavori può essere comprovata dalla data di deposito in Comune della relazione tecnica (ex Legge 10/91).

4.4.   Data di inizio lavori – aliquota spese sostenute

Le aliquote delle spese sostenute per gli interventi previsti dal Superbonus variano in funzione della data di inizio lavori.

Data di inizio lavori	Aliquota spese sostenute
Prima del 01/07/2020	• Aliquota Ecobonus "ordinario" (ex legge 296/2006)
Tra il 01/07/2020 e il 05/10/2020	• Aliquota Superbonus 110%
A partire dal 06/10/2020	• Aliquota Superbonus 110%

La data di inizio lavori può essere comprovata dalla data di deposito in Comune della relazione tecnica (ex Legge 10/91).

5. Quali interventi sono ammessi al Superbonus?

La presente guida si riferisce principalmente al Superbonus; per questo motivo, nella trattazione che seguirà, le tabelle e gli elenchi estratti dalla normativa (in particolare dal Decreto Requisiti Ecobonus), si riferiranno solo alle casistiche attinenti a questo incentivo, e saranno epurate dei riferimenti all'Ecobonus classico ed al Bonus Facciate.

Questa scelta è stata fatta in quanto le appendici al Decreto Requisiti Ecobonus, nella forma completa, sono di difficile lettura e possono facilmente generare confusione ed errori di interpretazione.

Ai fini del Superbonus il decreto requisiti del MiSE indica le seguenti tipologie di interventi ammessi:

- interventi sull'involucro edilizio di edifici esistenti, o parti di edifici esistenti (strutture opache, infissi, schermature solari);

- interventi di installazione di collettori solari in sostituzione, anche parziale, delle funzioni di riscaldamento ambiente e produzione di acqua calda sanitaria assolte prima dell'intervento dall'impianto di climatizzazione invernale esistente;

- interventi riguardanti gli impianti di climatizzazione invernale e produzione di acqua calda sanitaria;

- installazione e messa in opera, nelle unità abitative, di dispositivi e sistemi di building automation.

Nella trattazione che segue sarà opportuno distinguere le varie tipologie edilizie a cui si applicherà il Superbonus, distinguendo tra **condomìni e edifici unifamiliari**. Rientra nella seconda categoria anche una unità immobiliare situata all'interno di edifici plurifamiliari che sia <u>funzionalmente indipendente e disponga di uno o più accessi autonomi dall'esterno</u>.

5.1. Gli interventi "trainanti" o principali

Per interventi *"trainanti"* si intendono interventi eseguiti ai sensi dell'articolo 119, comma 1 del Decreto Rilancio, ovvero:

a) **interventi di isolamento termico delle superfici opache verticali, orizzontali e inclinate** che interessano l'involucro dell'edificio con un'incidenza superiore al 25 per cento della superficie disperdente lorda dell'edificio;

b) interventi sulle parti comuni degli edifici (condomini) per la sostituzione degli impianti di climatizzazione invernale esistenti con nuovi **impianti centralizzati per il riscaldamento, il raffrescamento o la fornitura di acqua calda sanitaria**;

c)   interventi sugli edifici unifamiliari o sulle unità immobiliari situate all'interno di edifici plurifamiliari che siano funzionalmente indipendenti e dispongano di uno o più accessi autonomi dall'esterno, per la sostituzione degli impianti di climatizzazione invernale esistenti con **nuovi impianti per il riscaldamento, il raffrescamento o la fornitura di acqua calda sanitaria**;

d)   **interventi antisismici e di riduzione del rischio sismico**.

Per poter accedere al Superbonus è obbligatorio eseguire almeno uno degli interventi *"trainanti"* sopra riportati. Gli interventi *"trainati"*, che verranno descritti in seguito, potranno essere eseguiti solo congiuntamente con un intervento *"trainante"*, e devono assicurare, nel loro complesso, **il miglioramento di due classi energetiche** oppure, ove non possibile, il conseguimento della classe energetica più alta in quanto l'edificio o l'unità immobiliare è già nella penultima (terzultima) classe[40].

Qualora l'edificio sia sottoposto ad almeno uno dei **vincoli** previsti dal Codice dei beni culturali e del paesaggio[41] o gli interventi cd. *"trainanti"* di efficientamento energetico siano vietati da regolamenti edilizi, urbanistici e ambientali, la detrazione del 110 per cento si applica in ogni caso a tutti gli interventi cd. *"trainati"*, ovvero ai singoli interventi ammessi all'*ecobonus* (ad esempio, sostituzione degli infissi) fermo restando il rispetto della condizione che tali interventi portino a un miglioramento minimo di due classi

---

[40] Come chiarito nella circolare n. 24/E del 2020.
[41] Decreto legislativo 22 gennaio 2004, n.42.

113

energetiche oppure, ove non possibile, il conseguimento della classe energetica più alta.

Vediamo ora nel dettaglio le categorie di interventi *"trainanti"* alle quali risulta applicabile il Superbonus 110%.

5.1.1. Condomìni

5.1.1.1. Isolamento termico dell'involucro edilizio

Sono ammessi gli interventi di **isolamento termico delle superfici opache verticali, orizzontali e inclinate** che interessano l'involucro dell'edificio con un'incidenza superiore al 25 per cento della superficie disperdente lorda del condominio.

Gli interventi per la **coibentazione del tetto** rientrano nella disciplina agevolativa, senza limitare il concetto di superficie disperdente al solo locale sottotetto eventualmente esistente. Quindi è possibile accedere alla coibentazione del tetto anche in presenza di un sottotetto non riscaldato che divida la zona riscaldata dall'esterno. In questo caso, però, non sarà possibile isolare anche il solaio che divide l'ambiente riscaldato dal sottotetto.

Per **superficie disperdente lorda** si intende la *"superficie S (mq) che delimita il volume climatizzato V rispetto* *all'esterno, al terreno, ad ambienti a diversa temperatura o ambienti non dotati di impianto di climatizzazione"*[42].

Per calcolare la superficie disperdente è quindi necessario identificare quali sono le zone climatizzate, ovvero dotate di impianto di riscaldamento, e valutare quali sono le superfici delle pareti che delimitano questa zona riscaldata dalle zone climatizzate ad una differente temperatura, non climatizzate oppure esterne.

Gli interventi di isolamento termico delle superfici opache sono quindi gli interventi di:

- coibentazione esterna (cappotto termico) delle pareti verticali dell'edificio, affacciate sull'esterno o su locali non riscaldati;

- isolamento termico delle superfici orizzontali (pavimenti e solai) che confinano con il terreno (pavimento piano terra), con l'esterno (pavimento su portico) o con zone non riscaldate (solai verso un sottotetto non riscaldato);

- isolamento termico dei tetti (superficie opaca orizzontale o inclinata) indipendentemente dalla presenza o meno di un sottotetto (anche non riscaldato).

La coibentazione dell'involucro come intervento *"trainante"*, nel caso dei condomini, è una coibentazione che viene **effettuata sulle sole parti comuni**, quindi sulle pareti esterne degli appartamenti, sul tetto, solaio di sottotetto o terrazza, e su solai verso porticati o verso

---

[42] Articolo 2 del DM Requisiti Minimi del 26 Giugno 2015.

ambienti non riscaldati (garage e cantine). Le pareti coibentate devono separare un ambiente riscaldato da un ambiente non riscaldato o dall'esterno; non possono essere quindi coibentate le pareti di vani scala non riscaldati.

Nella circolare 24/E è stato precisato che in caso di interventi realizzati sulle parti comuni di un edificio, le relative spese possono essere considerate ai fini del calcolo della detrazione soltanto se riguardano un edificio residenziale considerato nella sua interezza. Ciò implica che, utilizzando un principio di "prevalenza" della funzione residenziale rispetto all'intero edificio, qualora la superficie complessiva delle unità immobiliari destinate a residenza ricomprese nell'edificio sia superiore al 50 per cento, è possibile ammettere al Superbonus anche il proprietario e il detentore di unità immobiliari non residenziali che sostengono spese, in qualità di condòmini, per interventi sulle parti comuni di un edificio. Qualora, invece, la superficie complessiva delle unità immobiliari destinate a residenza sia inferiore al 50 per cento, il Superbonus riferito alle spese per interventi realizzati sulle parti comuni spetta solo ai possessori o detentori di unità immobiliari destinate ad abitazione comprese nel medesimo edificio. Quindi, in sostanza, nel caso di:

– edificio "residenziale nel suo complesso" - in quanto più del 50 per cento della superficie complessiva delle unità immobiliari sono destinate a residenza - il Superbonus per interventi realizzati sulle parti comuni spetta anche ai possessori di unità immobiliari non residenziali (ad esempio, al professionista che nel condominio ha lo studio oppure all'imprenditore che nel condominio ha l'ufficio o il negozio). Tali soggetti, tuttavia, non potranno fruire del

Superbonus per interventi trainati realizzati sui propri immobili;

– edificio "non residenziale nel suo complesso" - in quanto la superficie complessiva delle unità immobiliari destinate a residenza è minore del 50 per cento, il Superbonus per interventi realizzati sulle parti comuni spetta solo ai possessori di unità immobiliari residenziali che potranno, peraltro, fruire del Superbonus anche per interventi trainati realizzati sulle proprie unità, sempreché questi ultimi non rientrino tra le categorie catastali escluse (A/1, A/8 e A/9).

Ai fini del calcolo della superficie complessiva delle unità immobiliari destinate a residenza vanno conteggiate tutte le unità immobiliari residenziali facenti parte dell'edificio comprese quelle rientranti nelle predette categorie catastali escluse dal Superbonus.

I limiti massimi di spesa ammessi per questo tipo di interventi sono:

- **euro 40.000** moltiplicati per il numero delle unità immobiliari che compongono l'edificio, per gli edifici composti **da due a otto unità immobiliari**;

- **euro 30.000** moltiplicati per il numero delle unità immobiliari che compongono l'edificio, per gli edifici composti da **più di otto unità immobiliari**.

Esempio: condominio di 6 unità immobiliari, massimale di spesa: 40.000 x 6 = 240.000 €

Esempio: condominio con 20 unità immobiliari, massimale di spesa: 40.000 x 8 + 30.000 x 12 = 680.000 €

I materiali isolanti utilizzati devono essere di tipo CAM, cioè **devono rispettare i Criteri Ambientali Minimi**[43].

5.1.1.2. Impianti di climatizzazione invernale

Possono essere eseguiti interventi sulle parti comuni degli edifici (**condomini**) per la **sostituzione degli impianti di climatizzazione invernale esistenti** con impianti centralizzati per il riscaldamento, il raffrescamento o la fornitura di acqua calda sanitaria.

Sono ammesse le seguenti soluzioni:

- caldaie a condensazione, con efficienza almeno pari alla classe A di prodotto[44];

- generatori a pompa di calore, ivi compresi gli impianti ibridi (ovvero impianti che combinano una pompa di calore e una caldaia a condensazione) o geotermici (che sfruttano il calore del terreno), anche abbinati all'installazione di impianti fotovoltaici e relativi sistemi di accumulo;

- impianti di microcogenerazione o a collettori solari;

---

[43] Di cui al decreto del Ministro dell'ambiente e della tutela del territorio e del mare 11 ottobre 2017, pubblicato nella Gazzetta Ufficiale n. 259 del 6 novembre 2017.
[44] Prevista dal regolamento delegato (UE) n. 811/2013 della Commissione, del 18 febbraio 2013.

- l'allaccio a sistemi di teleriscaldamento efficiente[45], esclusivamente per i comuni montani non interessati dalle procedure europee di infrazione[46].

La detrazione per questi interventi è calcolata su un ammontare complessivo delle spese non superiore a:

- **euro 20.000** moltiplicati per il numero delle unità immobiliari che compongono l'edificio, per gli edifici composti **da due a otto unità immobiliari**;

- **euro 15.000** moltiplicati per il numero delle unità immobiliari che compongono l'edificio, per gli edifici composti da **più di otto unità immobiliari**.

Esempio: condominio di 6 unità immobiliari, massimale di spesa: 20.000 x 6 = 120.000 €

Esempio: condominio con 20 unità immobiliari, massimale di spesa: 20.000 x 8 + 15.000 x 12 = 340.000 €

La **detrazione è riconosciuta anche per le spese relative allo smaltimento e alla bonifica dell'impianto sostituito** a patto che il costo di fornitura e posa in opera dell'impianto sommato alle spese di smaltimento stiano al di sotto del massimale di spesa ammesso.

Si fa presente che sono agevolabili, purché rispondenti alle caratteristiche tecniche previste, gli interventi finalizzati alla trasformazione degli impianti individuali autonomi in impianti di climatizzazione invernale centralizzati con contabilizzazione del calore e quelli finalizzati alla

---

[45] Definiti ai sensi dell'articolo 2, comma 2, lettera tt), del decreto legislativo 4 luglio 2014, n. 102.
[46] N. 2014/2147 del 10 luglio 2014 o n. 2015/2043 del 28 maggio 2015.

trasformazione degli impianti centralizzati per rendere applicabile la contabilizzazione del calore mentre è esclusa la trasformazione dell'impianto di climatizzazione invernale da centralizzato ad individuale o autonomo.[47]

Un condominio con impianti di riscaldamento autonomi (ovvero ogni unità immobiliare possiede il suo generatore di calore), che voglia rimanere tale, **non potrà considerare la sostituzione degli impianti di climatizzazione invernale come intervento *"trainante"* per accedere al Superbonus.** Se quindi si desidera sostituire i generatori di calore delle singole unità residenziali, sarà necessario dapprima effettuare l'intervento *"trainante"* di coibentazione delle superfici opache per le parti comuni, e **poi beneficiare della sostituzione dei singoli generatori come intervento *"trainato"*.**

Quanto appena detto è vero solo per la sostituzione degli impianti di climatizzazione invernale. **Non è infatti ammessa la sostituzione di impianti di climatizzazione estiva,** neanche come interventi *"trainati"*, se questi non risultano facenti parte dell'impianto di climatizzazione invernale (ad esempio in un impianto ibrido, composto da caldaia e pompa di calore reversibile).

---

[47] Come confermato dalla circolare n. 19/E del 2020 e come riportato al punto 10 dell'Allegato A del decreto requisiti 6 agosto 2020.

5.1.2. Edifici unifamiliari

5.1.2.1. Isolamento termico dell'involucro edilizio

Sono ammessi gli interventi di **isolamento termico delle superfici opache verticali, orizzontali e inclinate** che interessano l'involucro dell'edificio con un'incidenza superiore al 25 per cento della superficie disperdente lorda dell'edificio o dell'unità immobiliare situata all'interno di edifici plurifamiliari che sia funzionalmente indipendente e disponga di uno o più accessi autonomi dall'esterno.

Gli interventi per la **coibentazione del tetto** rientrano nella disciplina agevolativa, senza limitare il concetto di superficie disperdente al solo locale sottotetto eventualmente esistente. Quindi è possibile accedere alla coibentazione del tetto anche in presenza di un sottotetto non riscaldato che divida la zona riscaldata dall'esterno. In questo caso, però, non sarà possibile isolare anche il solaio che divide l'ambiente riscaldato dal sottotetto.

Per **superficie disperdente lorda** si intende la *"superficie S (mq) che delimita il volume climatizzato V rispetto all'esterno, al terreno, ad ambienti a diversa temperatura o ambienti non dotati di impianto di climatizzazione"*[48].

Per calcolare la superficie disperdente è quindi necessario identificare quali sono le zone climatizzate, ovvero dotate di impianto di riscaldamento, e valutare quali sono le superfici delle pareti che delimitano questa zona riscaldata dalle zone

---

[48] Articolo 2 del DM Requisiti Minimi del 26 Giugno 2015.

climatizzate ad una differente temperatura, non climatizzate oppure esterne.

Gli interventi di isolamento termico delle superfici opache sono quindi gli interventi di:

- coibentazione (cappotto termico) delle pareti verticali dell'edificio, affacciate sull'esterno o su locali non riscaldati;

- isolamento termico delle superfici orizzontali (pavimenti e solai) che confinano con il terreno (pavimento piano terra), con l'esterno (pavimento su porticato) o con zone non riscaldate (solai verso sottotetto non riscaldato);

- isolamento termico dei tetti (superficie opaca orizzontale o inclinata) indipendentemente dalla presenza o meno di un solaio sottotetto.

Il limite massimo di spesa per questo tipo di interventi è pari a:

- **euro 50.000** per edificio unifamiliare o per unità immobiliare situata all'interno di edifici plurifamiliari che sia funzionalmente indipendente e disponga di uno o più accessi autonomi dall'esterno.

I materiali isolanti utilizzati devono essere di tipo CAM, cioè **devono rispettare i Criteri Ambientali Minimi**[49].

---

[49] Di cui al decreto del Ministro dell'ambiente e della tutela del territorio e del mare 11 ottobre 2017, pubblicato nella Gazzetta Ufficiale n. 259 del 6 novembre 2017.

5.1.2.2. Impianti di climatizzazione invernale

Sono ammessi al Superbonus interventi sugli **edifici unifamiliari** o sulle unità immobiliari situate all'interno di edifici plurifamiliari che siano funzionalmente indipendenti e dispongano di uno o più accessi autonomi dall'esterno, per la **sostituzione degli impianti di climatizzazione invernale esistenti** con impianti per il riscaldamento, il raffrescamento o la fornitura di acqua calda sanitaria.

Sono ammesse le seguenti soluzioni:

- caldaie a condensazione, con efficienza almeno pari alla classe A di prodotto[50];

- caldaie a condensazione, con efficienza almeno pari alla classe A di prodotto, con la contestuale installazione di sistemi di termoregolazione evoluti, appartenenti alle classi V, VI oppure VIII[51];

- generatori a pompa di calore, ivi compresi gli impianti ibridi (ovvero impianti che combinano una pompa di calore e una caldaia a condensazione) o geotermici (che sfruttano il calore del terreno), anche abbinati all'installazione di impianti fotovoltaici e relativi sistemi di accumulo[52];

- impianti di microcogenerazione;

- impianti a collettori solari;

---

[50] Prevista dal regolamento delegato (UE) n. 811/2013 della Commissione, del 18 febbraio 2013.

[51] Come da comunicazione della Commissione 2014/C 207/02.

[52] Comma 5, 6, art.119, Decreto Rilancio, n.34.

- caldaie a biomassa aventi prestazioni emissive con i valori previsti almeno per la classe 5 stelle[53], esclusivamente per le aree non metanizzate nei comuni non interessati dalle procedure europee di infrazione[54];

- l'allaccio a sistemi di teleriscaldamento efficiente[55], esclusivamente per i comuni montani non interessati dalle procedure europee di infrazione[56].

La detrazione per questi interventi è calcolata su un ammontare complessivo delle spese **non superiore a euro 30.000** ed è riconosciuta anche per le spese relative allo smaltimento e alla bonifica dell'impianto sostituito.

Non è ammessa la sostituzione di impianti di climatizzazione estiva, se questi non risultano facenti parte dell'impianto di climatizzazione invernale (ad esempio in un impianto ibrido, composto da caldaia e pompa di calore reversibile split).

5.1.3. Interventi antisismici (sismabonus)

Si tratta degli interventi antisismici[57] per la messa in sicurezza statica delle parti strutturali di edifici o di

---

[53] Individuata ai sensi del regolamento di cui al decreto del Ministro dell'ambiente e della tutela del territorio e del mare 7 novembre 2017, n. 186.

[54] N. 2014/2147 del 10 luglio 2014 o n. 2015/2043 del 28 maggio 2015.

[55] Definiti ai sensi dell'articolo 2, comma 2, lettera tt), del decreto legislativo 4 luglio 2014, n. 102.

[56] N. 2014/2147 del 10 luglio 2014 o n. 2015/2043 del 28 maggio 2015.

[57] Art. 16, commi da 1-bis a 1-septies, del decreto-legge n. 63 del 2013.

complessi di edifici collegati strutturalmente[58], le cui procedute autorizzatorie sono iniziate dopo il 01 gennaio 2017, **relativi a edifici ubicati nelle zone sismiche 1, 2 e 3**[59], inclusi quelli dai quali deriva la riduzione di una o due classi di rischio sismico, anche realizzati sulle parti comuni di edifici in condominio.

L'aliquota più elevata si applica anche alle spese sostenute dagli **acquirenti delle cosiddette case antisismiche**, vale a dire delle unità immobiliari facenti parte di edifici ubicati in zone classificate a rischio sismico 1, 2 e 3 oggetto di interventi antisismici effettuati mediante demolizione e ricostruzione dell'immobile da parte di imprese di costruzione o ristrutturazione immobiliare che entro 18 mesi dal termine dei lavori provvedano alla successiva rivendita.

Il Superbonus spetta anche per la **realizzazione di sistemi di monitoraggio strutturale continuo a fini antisismici**, eseguita congiuntamente ad uno degli interventi antisismici, nel rispetto dei limiti di spesa previsti per tali interventi.

Gli importi di spesa ammessi al Superbonus sono pari a:

- **96.000 euro**, nel caso di interventi realizzati su singole unità immobiliari. Il limite di spesa ammesso alla detrazione è annuale e riguarda il singolo immobile. Nell'ipotesi in cui gli interventi realizzati in ciascun anno consistano nella mera prosecuzione di lavori iniziati negli anni precedenti sulla stessa unità immobiliare, ai fini della determinazione del limite massimo delle spese ammesse in detrazione occorre tenere

---

[58] Di cui all'art. 16-bis, comma 1, lett. i), del TUIR.
[59] Individuate dall'ordinanza del Presidente del Consiglio dei ministri n. 3519 del 28 aprile 2006.

conto anche delle spese sostenute negli anni pregressi. Si ha, quindi, diritto all'agevolazione solo se la spesa per la quale si è già fruito della relativa detrazione nell'anno di sostenimento non ha superato il limite complessivo.

In caso di più soggetti aventi diritto alla detrazione (comproprietari, ecc.), tale limite deve essere ripartito tra gli stessi per ciascun periodo d'imposta in relazione alle spese sostenute ed effettivamente rimaste a carico. L'ammontare massimo di spesa ammessa alla detrazione va riferito all'unità abitativa e alle sue pertinenze unitariamente considerate, anche se accatastate separatamente;

- **96.000 euro**, nel caso di acquisto delle "case antisismiche";

- **96.000 euro** moltiplicato per il numero delle unità immobiliari di ciascun edificio, per gli interventi sulle parti comuni di edifici in condominio.

Se il credito corrispondente alla detrazione spettante è ceduto ad un'impresa di assicurazione e contestualmente viene stipulata una polizza che copre il rischio di eventi calamitosi, la detrazione spettante per i premi assicurativi versati[60] è elevata al 90 per cento.

Al riguardo si precisa che la detrazione per i premi assicurativi non può essere "ceduta" in quanto l'articolo 121

---

[60] Prevista nella misura del 19 per cento dall'articolo 15, comma 1, lettera f bis), del TUIR.

del Decreto Rilancio richiama gli "interventi" antisismici dell'articolo 16 del decreto-legge n.63 del 2013 e del comma 4 dell'articolo 119 del decreto-legge in esame.

In sostanza, l'impresa di assicurazione potrà acquisire il credito corrispondente al Sismabonus ma non il credito corrispondente alla detrazione spettante per il premio assicurativo.

Inoltre, per espressa previsione normativa, gli interventi antisismici possono essere effettuati su tutte le unità abitative, anche in numero superiore alle due unità in quanto, l'unico requisito richiesto è che tali unità si trovino nelle zone sismiche 1, 2 e 3.

La suddivisione dei comuni italiani per rischio sismico è consultabile ad un apposito link[61] al sito del Dipartimento della Protezione Civile.

5.2. Gli interventi "trainati"

Per interventi *"trainati"* si intendono interventi eseguiti ai sensi dell'articolo 119, comma 2 del Decreto Rilancio, ovvero gli interventi di efficientamento energetico già previsti dall'Ecobonus tradizionale, ed altri interventi introdotti ai commi 5, 6 e 8 del decreto stesso, a condizione che essi siano eseguiti congiuntamente ad uno degli interventi *"trainanti"* di efficientamento energetico e che, nel loro complesso, assicurino il miglioramento di due classi energetiche oppure, ove non possibile, il conseguimento della classe energetica più alta.

---

[61]http://www.protezionecivile.gov.it/documents/20182/1272515/Mappa+classificazione+sismica+al+31+gennaio+2020+per+comuni/df142eb4-4446-42ce-b53b-a3abde5d7d48

Qualora l'edificio sia sottoposto ad almeno uno dei vincoli previsti dal Codice dei beni culturali e del paesaggio[62] o gli interventi cd. *"trainanti"* di efficientamento energetico siano vietati da regolamenti edilizi, urbanistici e ambientali, la detrazione del 110 per cento si applica in ogni caso a tutti gli interventi cd. *"trainati"*, ovvero ai singoli interventi ammessi all'*ecobonus* (ad esempio, sostituzione degli infissi) fermo restando il rispetto della condizione che tali interventi portino a un miglioramento minimo di due classi energetiche oppure, ove non possibile, il conseguimento della classe energetica più alta.

Nota: è da osservare che, il decreto "Rilancio" risulta attuativo anche nei confronti del precedente ecobonus che non aveva ancora avuto un decreto attuativo. Questo può ingenerare una certa confusione in quanto tra gli interventi che avevano accesso all'ecobonus c'era anche la **'riqualificazione energetica globale di un edificio'**. Tale tipo di intervento consiste in una serie di lavori che permettono il raggiungimento di un indice di prestazione energetica per la climatizzazione invernale non superiore ai valori definiti dal decreto del Ministro dello Sviluppo economico dell'11 marzo 2008 - Allegato A. Non è stato stabilito quali opere o impianti occorre realizzare per raggiungere le prestazioni energetiche richieste. L'intervento, infatti, è definito in funzione del risultato che lo stesso deve conseguire in termini di riduzione del fabbisogno annuo di energia primaria per la climatizzazione invernale dell'intero fabbricato. Pertanto, la categoria degli "interventi di riqualificazione energetica globale" ammessi all'ecobonus include qualsiasi intervento, o insieme sistematico di interventi, che incida sulla prestazione energetica dell'edificio, realizzando la maggior efficienza energetica richiesta dalla norma. Questo non è accettabile per il Superbonus, dove tutti gli interventi devono essere ben definiti e soddisfacenti a precisi requisiti minimi.

---

[62] Decreto legislativo 22 gennaio 2004, n.42.

Tra gli interventi *"trainati"* troviamo:

- la sostituzione delle **finestre, comprensive di infissi**, delimitanti il volume riscaldato, verso l'esterno e verso vani non riscaldati. I limiti di spesa rimangono gli stessi stabiliti per l'Ecobonus;

- la posa in opera di **schermature solari**[63], che riguardino, in particolare, l'installazione di sistemi di schermatura e/o chiusure tecniche oscuranti mobili, montate in modo solidale all'involucro edilizio o ai suoi componenti;

- installazione di sistemi di **building automation** per il controllo da remoto delle funzioni di riscaldamento ambiente e produzione di acqua calda sanitaria.

Tutti gli interventi, trainanti e trainati, dovranno rispettare i requisiti minimi di prestazione energetica previsti dal DM 6 agosto 2020 (**Decreto Requisiti Ecobonus**).

Vediamo ora nel dettaglio le categorie di interventi *"trainati"* alle quali risulta applicabile il Superbonus 110%.

5.2.1. Condomini

5.2.1.1.   Interventi sugli involucri opachi

L'isolamento termico delle superfici opache verticali, orizzontali e inclinate che interessano le **parti comuni**

---

[63] Si veda l'allegato M del D.lgs. 311 del 2006.

dell'involucro dell'edificio con un'incidenza complessiva **minore o uguale al 25 per cento** della superficie lorda dell'edificio medesimo, si configura come un intervento *"trainato"*, e potrà essere realizzato solo se il condominio in questione eseguirà almeno uno degli interventi *"trainanti"* previsti (che a questo punto si ridurrà alla installazione di un impianto di climatizzazione centralizzato).

Si tratta nello specifico degli interventi su edifici esistenti, parti di edifici esistenti o unità immobiliari esistenti, riguardanti strutture opache orizzontali (coperture, pavimenti), verticali (pareti generalmente esterne), verso l'esterno o verso vani non riscaldati.

Nell'ambito dei predetti interventi, nel rispetto di tutti i requisiti previsti dalla norma agevolativa, rientra anche l'installazione del cappotto termico interno alle singole unità immobiliari.

5.2.1.2. Sostituzione degli infissi

Un condominio che esegua almeno un intervento *"trainante"* può eseguire lavori anche sulle parti private interne alle singole unità immobiliari, che si configureranno come interventi *"trainati"*.

Le singole unità immobiliari, in questo caso, potranno **sostituire le finestre comprensive di infissi**, delimitanti il volume riscaldato, verso l'esterno o verso vani non riscaldati.

Per tale intervento il valore massimo della detrazione fiscale è di **60.000 euro** per unità immobiliare.

In questo gruppo di interventi rientra anche la **sostituzione dei portoni d'ingresso** a condizione che si tratti di serramenti che delimitano l'involucro riscaldato dell'edificio, verso l'esterno o verso locali non riscaldati, e risultino rispettati gli indici di trasmittanza termica richiesti per la sostituzione degli infissi.

Gli infissi sono comprensivi anche delle strutture accessorie che hanno effetto sulla dispersione di calore (per esempio, **scuri o persiane**) o che risultino strutturalmente accorpate al manufatto (per esempio, **cassonetti incorporati nel telaio dell'infisso**).

La semplice sostituzione degli infissi, qualora questi siano originariamente già conformi agli indici richiesti, non accede alla detrazione poiché non darebbe nessun beneficio ed il Superbonus è teso ad agevolare gli interventi da cui consegua un risparmio energetico.

In questo caso, è necessario quindi che, a seguito dei lavori, tali indici di trasmittanza termica si riducano ulteriormente: il tecnico che redige l'asseverazione deve perciò specificare il valore di trasmittanza originaria del componente su cui si interviene e asseverare che successivamente all'intervento la trasmittanza dei medesimi componenti sia inferiore o uguale ai valori prescritti.

Sono comprese tra le spese detraibili quelle:

- relative alle prestazioni professionali necessarie a realizzare gli interventi o sostenute per acquisire la certificazione energetica richiesta per fruire del beneficio;

- sostenute per le opere edilizie funzionali alla realizzazione dell'intervento.

La Risoluzione 60/E precisa che nei predetti limiti, il Superbonus spetta anche per i costi strettamente collegati alla realizzazione e al completamento dei suddetti interventi quali quelli sostenuti per la **sostituzione delle soglie alle finestre** e il **riposizionamento in facciata delle cerniere e della ferramenta delle persiane**, necessarie a seguito della posa del cappotto termico.

La **risposta n.524/2021 dell'Agenzia delle Entrate** ad un'istanza di interpello posta da un contribuente, specifica che, per quanto riguarda la possibilità di ammettere al Superbonus nuovi serramenti con diversa geometria rispetto a quelli esistenti, come nell'Ecobonus, l'intervento deve configurarsi come sostituzione di componenti già esistenti o di loro parti e non come nuova installazione. Ciò considerato, per gli interventi diversi da quelli di demolizione e ricostruzione è possibile fruire dell'Ecobonus anche nell'ipotesi di interventi di spostamento e variazione dimensionale degli infissi a condizione che la superficie "totale" degli infissi nella situazione post-intervento sia minore o uguale di quella ex ante. Ciò a garanzia del principio di risparmio energetico.

La superficie in più verrà portata in detrazione al 50%.

5.2.1.3.   Schermature solari

È riconosciuta una detrazione, nella misura massima di **60.000 euro** per unità immobiliare, per l'acquisto e la posa in opera delle schermature solari elencate nell'allegato M del decreto legislativo n. 311/2006, montate in modo solidale all'involucro edilizio o ai suoi componenti e installate all'interno, all'esterno o integrate alla superficie vetrata.

Le schermature solari possono essere installate esclusivamente sulle esposizioni da Est a Ovest passando per il Sud. È escluso quindi l'orientamento a Nord.

Sul sito dell'Enea sono pubblicati i requisiti tecnici specifici che devono possedere le schermature solari per essere ammesse al beneficio. In particolare:

- devono possedere, se prevista, una marcatura CE;
- devono rispettare le leggi e normative nazionali e locali in tema di sicurezza e di efficienza energetica.

Alcune tipologie di schermature per le quali è applicabile l'agevolazione sono le seguenti:

- tende da sole a telo avvolgibile;
- tende a rullo;
- tende a lamelle orientabili (veneziane);
- tende frangisole.

La detrazione spetta anche per le spese sostenute per le opere murarie eventualmente necessarie per la posa in opera e per le prestazioni professionali.

5.2.1.4. Building automation

Rientra nel Superbonus l'acquisto, l'installazione e la messa in opera di dispositivi multimediali per il controllo a distanza degli impianti di riscaldamento, produzione di acqua calda o climatizzazione delle unità abitative, finalizzati ad aumentare la consapevolezza dei consumi energetici da parte degli utenti e a garantire un funzionamento più efficiente degli impianti.

La detrazione massima ammissibile è di **15.000 euro** per unità immobiliare.

Questi dispositivi multimediali devono essere dotati di specifiche caratteristiche. In particolare:

- devono consentire l'accensione, lo spegnimento e la programmazione settimanale degli impianti da remoto;

- indicare, attraverso canali multimediali, i consumi energetici, mediante la fornitura periodica dei dati;

- mostrare le condizioni di funzionamento correnti e la temperatura di regolazione degli impianti.

Sono agevolabili, oltre alla fornitura e posa in opera di tutte le apparecchiature (elettriche, elettroniche e meccaniche), le opere elettriche e murarie necessarie per l'installazione e la messa in funzione, all'interno degli edifici, di tali sistemi di "building automation" degli impianti termici degli edifici.

Non sono ammissibili, invece, le spese per l'acquisto di dispositivi che permettono di interagire a distanza con le predette apparecchiature (telefoni cellulari, tablet, personal computer e dispositivi simili).

5.2.1.5. Installazione di impianti fotovoltaici e accumulo

Accanto agli interventi direttamente associati all'efficientamento energetico, il Superbonus ingloba interventi che promuovono l'utilizzo delle energie rinnovabili.

Entra a fare parte degli interventi *"trainati"* quindi anche:

- **l'installazione di impianti solari fotovoltaici connessi alla rete elettrica**, installati sugli edifici o sulle strutture pertinenziali, realizzata congiuntamente ad almeno uno degli interventi *"trainanti"*.

Se l'intervento *"trainante"* è un intervento antisismico, l'installazione di impianti solari fotovoltaici e di sistemi di accumulo sono gli unici interventi *"trainati"* consentiti.

L'installazione di impianti fotovoltaici può essere agevolata se è effettuata sulle parti comuni di un edificio in condominio o sulle singole unità immobiliari che fanno parte del condominio medesimo.

Il Superbonus spetta anche nel caso in cui l'installazione di tali impianti sia effettuata in un'area pertinenziale dell'edificio in condominio, ad esempio, sulle pensiline di un parcheggio aperto.

Per questi interventi è previsto un tetto di spesa di **48.000 euro** e comunque nel limite di spesa di **2.400 euro per ogni kW di potenza nominale dell'impianto fotovoltaico**, che corrispondono a 20 kW di potenza complessiva.

Se l'impianto è al servizio del condominio il limite di 20 kW è riferito all'edificio condominiale. Se invece l'impianto è al servizio delle singole unità abitative tale limite va riferito alla singola unità.

Se l'installazione degli impianti fotovoltaici avviene contestualmente agli interventi di ristrutturazione edilizia, nuova costruzione e ristrutturazione urbanistica[64], il limite di spesa è di **1.600 euro per ogni kW di potenza nominale dell'impianto fotovoltaico**.

Il Superbonus si applica all'installazione di impianti fotovoltaici fino a 200 kW realizzata da "**comunità energetiche rinnovabili**" costituite come enti non commerciali o condomìni. L'aliquota del 110% si applica alla quota di spesa corrispondente alla potenza massima di 20 kW. Per la quota di spesa corrispondente alla potenza eccedente 20 kW, spetta la detrazione al 50% con tetto di spesa di 96.000 euro.

La maggiorazione del 110% della detrazione fiscale si applica anche per **l'installazione di sistemi di accumulo integrati negli impianti solari fotovoltaici** realizzata congiuntamente ad almeno uno degli interventi "principali" o *"trainanti"*.

L'opportunità di installare un sistema di accumulo dell'energia elettrica captata dai pannelli solari risulta particolarmente utile nel caso del Superbonus in quanto non

---

[64] Previsti dall'articolo 3, comma 1, lettere d), e) ed f) del Testo unico dell'edilizia (DPR 380/2001).

è applicabile il contratto di scambio sul posto e l'energia immessa in rete risulta completamente perduta dall'utente.

Per questi interventi valgono le stesse condizioni previste per l'installazione degli impianti solari fotovoltaici.

È previsto il tetto di spesa di **1.000 euro per ogni kWh** di capacità di accumulo del sistema.

La detrazione relativa alle spese sugli impianti fotovoltaici e ai sistemi di accumulo dell'energia è **subordinata alla cessione in favore del Gestore dei servizi energetici (GSE)**[65] dell'energia non auto-consumata in sito ovvero non condivisa per l'autoconsumo.

Inoltre, la detrazione non è cumulabile con altri incentivi pubblici o altre forme di agevolazione di qualsiasi natura previste dalla normativa europea, nazionale e regionale.

5.2.1.6. Installazione di colonnine di ricarica elettriche

Il Superbonus si applica anche alla **installazione di infrastrutture per la ricarica dei veicoli elettrici** realizzata congiuntamente ad almeno uno degli interventi "principali" o *"trainanti"* di efficientamento energetico.

In particolare, il Superbonus si applica alle spese sostenute per l'installazione delle infrastrutture per la ricarica di veicoli elettrici negli edifici nonché per i costi legati all'aumento di potenza impegnata del contatore dell'energia elettrica, fino ad un massimo di 7 kW.

---

[65] Con le modalità di cui all'articolo 13, comma 3, del decreto legislativo 29 dicembre 2003, n. 387.

Per questo intervento ci sono due differenti limiti di spesa:

- **1.500 euro** per gli edifici plurifamiliari[66] o i condomìni che installano al massimo otto colonnine;

- **1.200 euro** per i condomìni che installano più di otto colonnine.

Ogni unità immobiliare ha diritto di detrarre una sola colonnina.

5.2.2. Edifici unifamiliari

5.2.2.1. Interventi sugli involucri opachi

L'isolamento termico delle superfici opache verticali, orizzontali e inclinate che interessano l'involucro dell'edificio con un'incidenza complessiva **minore o uguale al 25 per cento** della superficie lorda dell'edificio medesimo, si configura come un intervento *"trainato"*.

Non è ammesso tra gli interventi trainati quando incide per più del 25% della superficie lorda disperdente.

Si tratta nello specifico degli interventi su edifici esistenti o parti di edifici esistenti, riguardanti strutture opache orizzontali (coperture, pavimenti), verticali (pareti

---

[66] Edifici composti da due o più unità immobiliari distintamente accatastate, posseduti da un unico proprietario o da più comproprietari.

generalmente esterne), verso l'esterno o verso vani non riscaldati.

5.2.2.2. Ventilazione meccanica controllata

I sistemi di ventilazione meccanica possono ottenere il Superbonus se la loro installazione avviene congiuntamente ad un intervento di coibentazione dell'edificio o di sostituzione degli impianti (intervento trainante). Per ottenere la detrazione è necessario il rispetto di una serie di condizioni. Lo ha spiegato Enea, rispondendo alla domanda 16D pubblicata tra le FAQ dedicate alla detrazione fiscale.

Con questa risposta, Enea ha corretto quanto affermato in precedenza: in dicembre 2020, il sottosegretario di Stato al MEF, Alessio Villarosa, rispondendo ad alcuni quesiti ha affermato che, come illustrato dall'Enea durante un webinar, la VMC, non essendo espressamente prevista dalla normativa sull'Ecobonus, non poteva essere considerata neanche un intervento trainato e, quindi, non poteva accedere al Superbonus.

Con la nuova risposta, Enea ha spiegato che, in base al paragrafo 2.3, punto 2, dell'Allegato 1 al Decreto "Requisiti Minimi" (DM 26 giugno 2015), nel caso di nuova costruzione, o di edifici sottoposti a ristrutturazioni importanti o a riqualificazioni energetica, ed in particolare qualora si realizzino interventi che riguardino le strutture opache delimitanti il volume climatizzato verso l'esterno, è necessario procedere alla verifica dell'assenza di rischio di formazione di muffe e di condensazioni interstiziali, in conformità alla UNI EN ISO 13788.

Enea ritiene che, se considerando il numero di ricambi d'aria naturale previsto dalla norma UNI-TS 11300-1 e provvedendo per quanto possibile alla correzione dei ponti termici, possa permanere il pericolo di formazione di muffe o condense in corrispondenza di essi, i sistemi di VMC rappresentino una valida soluzione tecnica. In questi casi, l'installazione dei sistemi di VMC è incentivata con il Superbonus **se realizzata congiuntamente agli interventi di coibentazione delle superfici opache**.

Il tecnico, spiega Enea, deve allegare all'asseverazione una relazione dalla quale emerga che l'installazione del sistema di VMC sia l'unica soluzione per garantire l'assenza di muffe e condense.

La relazione deve dimostrare anche che il sistema di VMC installato consegua un risparmio energetico rispetto alla situazione che prevede la massima correzione dei ponti termici, un numero di ricambi d'aria naturale pari a quello previsto dalla norma UNI-TS 11300-1, calcolato nell'ipotesi che venga alimentato solo con energia elettrica prelevata della rete.

Per questi motivi, secondo il parere di Enea, risultano ammissibili esclusivamente i sistemi di VMC dotati di recupero di calore.

Enea ha spiegato inoltre che l'installazione dei sistemi di VMC può ottenere il Superbonus anche se realizzata **contestualmente ad un intervento di sostituzione di un impianto di climatizzazione invernale con un impianto con fluido termovettore ad aria e siano con esso strettamente integrati**.

Anche in questo caso, i sistemi di VMC devono garantire un risparmio energetico, da asseverare mediante relazione di un tecnico abilitato, rispetto alla situazione che prevede un numero di ricambi d'aria naturale pari a quello previsto dalla norma UNITS 11300-1 nell'ipotesi che sia alimentato esclusivamente con energia elettrica prelevata della rete. La conclusione cui arriva l'Enea è che l'agevolazione spetti <u>solo ai sistemi di VMC dotati di recupero di calore</u>.

5.2.2.3. Sostituzione degli infissi

Un edificio che esegua almeno un intervento *"trainante"* può eseguire anche altri interventi *"trainati"*.

In questo caso è possibile **sostituire le finestre comprensive di infissi**, delimitanti il volume riscaldato, verso l'esterno o verso vani non riscaldati.

Per tale intervento il valore massimo della detrazione fiscale è di **60.000 euro**.

In questo gruppo di interventi rientra anche la **sostituzione dei portoni d'ingresso** a condizione che si tratti di serramenti che delimitano l'involucro riscaldato dell'edificio, verso l'esterno o verso locali non riscaldati, e risultino rispettati gli indici di trasmittanza termica richiesti per la sostituzione delle finestre.

Gli infissi sono comprensivi anche delle strutture accessorie che hanno effetto sulla dispersione di calore (per esempio, **scuri o persiane**) o che risultino strutturalmente accorpate al manufatto (per esempio, **cassonetti incorporati nel telaio dell'infisso**).

La semplice sostituzione degli infissi, qualora questi siano originariamente già conformi agli indici richiesti, non consente di fruire della detrazione poiché il beneficio è teso ad agevolare gli interventi da cui consegua un risparmio energetico.

In questo caso, è necessario quindi che, a seguito dei lavori, tali indici di trasmittanza termica si riducano ulteriormente: il tecnico che redige l'asseverazione deve perciò specificare il valore di trasmittanza originaria del componente su cui si interviene e asseverare che successivamente all'intervento la trasmittanza dei medesimi componenti sia inferiore o uguale ai valori prescritti.

Sono comprese tra le spese detraibili quelle:

- relative alle prestazioni professionali necessarie a realizzare gli interventi o sostenute per acquisire la certificazione energetica richiesta per fruire del beneficio;

- sostenute per le opere edilizie funzionali alla realizzazione dell'intervento.

La Risoluzione 60/E precisa che nei predetti limiti, il Superbonus spetta anche per i costi strettamente collegati alla realizzazione e al completamento dei suddetti interventi quali quelli sostenuti per la **sostituzione delle soglie alle finestre** e il **riposizionamento in facciata delle cerniere e della ferramenta delle persiane**, necessarie a seguito della posa del cappotto termico.

La **risposta n.524/2021 dell'Agenzia delle Entrate** ad un'istanza di interpello posta da un contribuente, specifica che, per quanto riguarda la possibilità di ammettere al Superbonus nuovi serramenti con diversa geometria rispetto a quelli esistenti, come nell'Ecobonus, l'intervento deve configurarsi come sostituzione di componenti già esistenti o di loro parti e non come nuova installazione. Ciò considerato, per gli interventi diversi da quelli di demolizione e ricostruzione è possibile fruire dell'Ecobonus anche nell'ipotesi di interventi di spostamento e variazione dimensionale degli infissi a condizione che la superficie "totale" degli infissi nella situazione post-intervento sia minore o uguale di quella ex ante. Ciò a garanzia del principio di risparmio energetico.

La superficie in più verrà portata in detrazione al 50%.

5.2.2.4. Schermature solari

È riconosciuta una detrazione, nella misura massima di **60.000 euro**, per l'acquisto e la posa in opera delle schermature solari elencate nell'allegato M del decreto legislativo n. 311/2006, montate in modo solidale all'involucro edilizio o ai suoi componenti e installate all'interno, all'esterno o integrate alla superficie vetrata.

Le schermature solari possono essere installate esclusivamente sulle esposizioni da Est a Ovest passando per il Sud. È escluso quindi l'orientamento a Nord.

Sul sito dell'Enea sono pubblicati i requisiti tecnici specifici che devono possedere le schermature solari per essere ammesse al beneficio. In particolare:

- devono possedere, se prevista, una marcatura CE;

- devono rispettare le leggi e normative nazionali e locali in tema di sicurezza e di efficienza energetica.

Alcune tipologie di schermature per le quali è applicabile l'agevolazione sono le seguenti:

- tende da sole a telo avvolgibile;

- tende a rullo;

- tende a lamelle orientabili (veneziane);

- tende frangisole.

La detrazione spetta anche per le spese sostenute per le opere murarie eventualmente necessarie per la posa in opera e per le prestazioni professionali.

5.2.2.5. Building automation

Rientra nel Superbonus l'acquisto, l'installazione e la messa in opera di dispositivi multimediali per il controllo a distanza degli impianti di riscaldamento, produzione di acqua calda o climatizzazione dell'edificio, finalizzati ad aumentare la consapevolezza dei consumi energetici da parte degli utenti e a garantire un funzionamento più efficiente degli impianti.

La detrazione massima ammissibile è di **15.000 euro**.

Questi dispositivi multimediali devono essere dotati di specifiche caratteristiche. In particolare:

- devono consentire l'accensione, lo spegnimento e la programmazione settimanale degli impianti da remoto;

- indicare, attraverso canali multimediali, i consumi energetici, mediante la fornitura periodica dei dati;

- mostrare le condizioni di funzionamento correnti e la temperatura di regolazione degli impianti.

Sono agevolabili, oltre alla fornitura e posa in opera di tutte le apparecchiature (elettriche, elettroniche e meccaniche), le opere elettriche e murarie necessarie per l'installazione e la messa in funzione, all'interno degli edifici, di tali sistemi di "building automation" degli impianti termici degli edifici.

Non sono ammissibili, invece, le spese per l'acquisto di dispositivi che permettono di interagire a distanza con le predette apparecchiature (telefoni cellulari, tablet, personal computer e dispositivi simili).

5.2.2.6. Installazione di impianti fotovoltaici e accumulo

Accanto agli interventi direttamente associati all'efficientamento energetico, il Superbonus ingloba interventi che promuovono **l'utilizzo delle energie rinnovabili**.

Entra a fare parte degli interventi *"trainati"* quindi anche:

- **l'installazione di impianti solari fotovoltaici connessi alla rete elettrica**, installati sugli edifici o sulle strutture pertinenziali, realizzata congiuntamente ad almeno uno degli interventi *"trainanti"*.

Se l'intervento *"trainante"* è un intervento antisismico, l'installazione di impianti solari fotovoltaici e di sistemi di accumulo sono gli unici interventi *"trainati"* consentiti.

L'installazione di impianti fotovoltaici può essere agevolata se è effettuata su edifici unifamiliari e su unità immobiliari funzionalmente indipendenti e con accesso autonomo dall'esterno.

Ai fini del Superbonus l'installazione di questi impianti può essere effettuata anche sulle pertinenze dell'edificio, ad esempio su pensiline, tettoie, box, etc.

Per questi interventi è previsto un tetto di spesa di **48.000 euro** e comunque nel limite di spesa di **2.400 euro per ogni kW di potenza nominale dell'impianto fotovoltaico**, che corrispondono a 20 kW di potenza.

Se l'installazione degli impianti fotovoltaici avviene contestualmente agli interventi di ristrutturazione edilizia, nuova costruzione e ristrutturazione urbanistica[67], il limite di spesa è **1.600 euro per ogni kW di potenza nominale dell'impianto fotovoltaico**.

La maggiorazione del 110% della detrazione fiscale si applica anche per **l'installazione di sistemi di accumulo integrati negli impianti solari fotovoltaici** realizzata congiuntamente ad almeno uno degli interventi "principali" o *"trainanti"*.

---

[67] Previsti dall'articolo 3, comma 1, lettere d), e) ed f) del Testo unico dell'edilizia (DPR 380/2001).

L'opportunità di installare un sistema di accumulo dell'energia elettrica captata dai pannelli solari risulta particolarmente utile nel caso del Superbonus in quanto non è applicabile il contratto di scambio sul posto e l'energia immessa in rete risulta completamente perduta dall'utente.

Per questi interventi valgono le stesse condizioni previste per l'installazione degli impianti solari fotovoltaici.

È previsto il tetto di spesa di **1.000 euro per ogni kWh** di capacità di accumulo del sistema.

La detrazione relativa alle spese sugli impianti fotovoltaici e ai sistemi di accumulo dell'energia è **subordinata alla cessione in favore del Gestore dei servizi energetici (GSE)**[68] dell'energia non auto-consumata in sito ovvero non condivisa per l'autoconsumo.

Inoltre, la detrazione non è cumulabile con altri incentivi pubblici o altre forme di agevolazione di qualsiasi natura previste dalla normativa europea, nazionale e regionale.

5.2.2.7. Installazione di colonnine di ricarica elettriche

Il Superbonus si applica anche alla **installazione di infrastrutture per la ricarica dei veicoli elettrici** realizzata congiuntamente ad almeno uno degli interventi "principali" o *"trainanti"* di efficientamento energetico.

In particolare, il Superbonus si applica alle spese sostenute per l'installazione delle infrastrutture per la ricarica di veicoli

---

[68] Con le modalità di cui all'articolo 13, comma 3, del decreto legislativo 29 dicembre 2003, n. 387.

elettrici negli edifici nonché per i costi legati all'aumento di potenza impegnata del contatore dell'energia elettrica, fino ad un massimo di 7 kW.

Per questo intervento il limite di spesa è:

- **2.000 euro** per gli edifici unifamiliari o per le unità immobiliari situate all'interno di edifici plurifamiliari funzionalmente indipendenti e con uno o più accessi autonomi dall'esterno.

5.3. Altri interventi ammessi al Superbonus (barriere architettoniche)

Il Superbonus, infine, si può applicare anche per la realizzazione di interventi finalizzati alla **eliminazione delle barriere architettoniche**, aventi ad oggetto ascensori e montacarichi, ed alla realizzazione di ogni strumento che, attraverso la comunicazione, la robotica e ogni altro mezzo di tecnologia più avanzata, sia adatto a **favorire la mobilità interna ed esterna all'abitazione**[69].

Inizialmente, il Decreto Rilancio prevedeva che gli interventi potessero essere richiesti solo da soggetti portatori di handicap o da soggetti che abbiano superato i 65 anni di età (anche se non portatori di handicap).

In seguito, però, con la risposta numero 455/2021 dell'Agenzia delle Entrate ad una istanza di interpello,

---

[69] Interventi previsti dall'art. 16-bis, comma 1, lettera e), del testo unico di cui al decreto del Presidente della Repubblica 22 dicembre 1986, n.917.

richiamando la risposta all'interrogazione in Commissione Finanze n. 5-05839 del 29 aprile 2021, è stato precisato che la presenza, nell'edificio oggetto degli interventi, di persone di età superiore a 65 anni o disabili è, in ogni caso, irrilevante ai fini dell'applicazione del beneficio.

Tutti, quindi, possono accedere al beneficio, a patto che gli interventi volti al superamento delle barriere architettoniche, in quanto interventi "*trainati*", siano eseguiti congiuntamente ad uno degli interventi "*trainanti*" di risparmio energetico.

Per quanto riguarda il massimale di spesa ammesso alla detrazione, **l'ammontare massimo di spesa ammesso al Superbonus è attualmente pari ad euro 96.000**. Resta inteso che la detrazione spetta nella misura del 110% calcolata su un ammontare massimo di spesa pari a euro 96.000 e, dunque, pari a una detrazione complessivamente non superiore a euro 105.600.

Nel caso di un condominio, quindi, il singolo condomino e non solo i condòmini di età superiore ai 65 anni usufruisce della detrazione per i lavori, in ragione dei millesimi di proprietà o dei diversi criteri applicabili ai sensi degli articoli 1123 e seguenti del codice civile.

È infine **possibile optare, al posto dell'utilizzo diretto della detrazione, per la cessione del credito e sconto in fattura** anche per gli interventi di abbattimento delle barriere architettoniche.

Con il Decreto Semplificazioni (DL 77/2021), viene inserito un nuovo periodo al comma 4 dell'articolo 119, in forza del quale gli interventi volti all'eliminazione delle barriere architettoniche, che danno diritto alla detrazione del 110%, possono essere "trainati" anche dagli interventi trainanti antisismici, e non solo (come era prima) dagli interventi trainanti di efficientamento energetico.

5.4. Nuovo bonus barriere architettoniche

La legge di Bilancio 2022 ha aggiunto l'art. 119-ter al Decreto Rilancio, introducendo una nuova detrazione per gli interventi finalizzati al superamento e all'eliminazione di barriere architettoniche in edifici già esistenti.

Per le spese sostenute nel 2022, infatti, **si può applicare un'aliquota di detrazione specifica del 75%,** anziché la normale aliquota per Bonus Ristrutturazioni del 50%, da ripartire tra gli aventi diritto in cinque quote annuali di pari importo.

Con la legge di bilancio 2023 la **detrazione al 75% è stata estesa agli anni 2023, 2024 e 2025.**

I massimali di spesa per questo specifico bonus variano in funzione del numero di unità immobiliari:

a) **euro 50.000** per gli edifici unifamiliari o per le unità immobiliari situate all'interno di edifici plurifamiliari che siano funzionalmente indipendenti e dispongano di uno o più accessi autonomi dall'esterno;

b) **euro 40.000** moltiplicati per il numero delle unità immobiliari che compongono l'edificio per gli edifici composti da due a otto unità immobiliari;

c) **euro 30.000** moltiplicati per il numero delle unità immobiliari che compongono l'edificio per gli edifici composti da più di otto unità immobiliari.

Anche per questo bonus sono ammessi la cessione del credito e lo sconto in fattura.

Diverso è invece il discorso se l'eliminazione delle barriere architettoniche è contestuale all'intervento di efficientamento energetico o di miglioramento sismico (vedi capitolo 5.3). In questi casi si applicano le disposizioni della Legge Rilancio che prevede un'aliquota di detrazione maggiorata al 110%.

Attenzione però al massimale di spesa: in questo caso resta, infatti, quello del Bonus Ristrutturazioni.

6. Quali sono i limiti massimi di spesa?

Per gli interventi *"trainanti"* e *"trainati"* è necessario rispettare i relativi valori di detrazione massima ammissibile o di spesa massima ammissibile.

Oltre all'ammontare massimo delle detrazioni o della spesa massima ammissibile è necessario anche il rispetto dei massimali di costo specifici per singola tipologia di intervento.

Nel caso in cui uno degli interventi consista nella mera prosecuzione di interventi della stessa categoria iniziati in anni precedenti sullo stesso immobile, ai fini del computo del limite massimo di spesa o di detrazione, si tiene conto anche delle spese o delle detrazioni fruite negli anni precedenti.

6.1. Massimali assoluti di costo

L'allegato B del Decreto Requisiti Ecobonus contiene una tabella di sintesi degli interventi ammessi alle detrazioni fiscali, la quale riporta i riferimenti di legge, la detrazione massima o l'importo massimo detraibile per ogni spesa, la percentuale di detrazione ed il numero di anni su cui tale detrazione deve essere ripartita.

Tale tabella ingloba anche altre tipologie di intervento, quali l'Ecobonus, il Bonus Facciate etc. e risulta quindi di difficile consultazione.

Le tabelle che seguono, ricavate dalla originale dell'allegato B, contengono invece solo quello che attiene al Superbonus e danno una panoramica chiara dei massimali in gioco.

C'è **differenza tra spesa massima e detrazione massima**, corrispondenti agli importi massimi di spesa consentiti per il Superbonus.

Per massimali si intendono gli importi massimi che rientrano nella detrazione fiscale per ogni categoria di intervento.

I massimali per gli interventi *"trainanti"* sono indicati come **spesa massima ammissibile**, mentre i massimali per gli interventi *"trainati"* vengono indicati come **detrazione massima ammissibile**.

Se, ad esempio, effettuiamo l'isolamento termico (cappotto) come intervento *"trainante"*, la spesa massima ammissibile è quella indicata nel Decreto Rilancio (50mila € per edifici unifamiliari, 40mila per unità immobiliare nei condomini fino a 8 unità e 30mila per le unità superiori a 8).

Realizzato il cappotto (per esempio in un condominio) abbiamo effettuato l'intervento *"trainante"* e quindi possiamo sostituire l'impianto termico nelle singole unità immobiliari come intervento *"trainato"*.

In questo caso la sostituzione dell'impianto, nelle singole unità immobiliari, viene realizzato come intervento *"trainato"* e quindi il massimale non è più quello indicato nel Decreto Rilancio, ma quello riportato nel precedente decreto Ecobonus corrispondente a 30.000 € per unità immobiliare.

Quindi, per gli interventi *"trainanti"* valgono gli importi massimi di **spesa** presenti nel Decreto Rilancio, mentre per gli interventi *"trainati"* valgono i massimali (**detrazione massima ammissibile**) indicati nell'Ecobonus ordinario[70].

Da un lato abbiamo quindi la **spesa massima ammissibile**, prevista per gli interventi del Superbonus 110% del Decreto Rilancio, e dall'altro abbiamo la **detrazione massima ammissibile**, già in uso per le precedenti agevolazioni, tra cui l'Ecobonus ordinario.

Per gli interventi *"trainanti"* si potranno, quindi, realizzare lavori pari alla spesa massima ammissibile per ogni categoria di intervento, mentre per gli interventi *"trainati"* la detrazione massima ammissibile dovrà essere scorporata del 10% perché si parla di detrazione massima e non di spesa massima e quindi nell'importo totale dovrà rientrare anche il 10% di bonus in più previsto nel 110%.

Ad esempio: se ho diritto a 30.000 mila euro come detrazione massima per l'intervento di sostituzione dell'impianto, effettuato come intervento *"trainato"* in un singolo appartamento, potrò effettuare lavori per 27.273 euro che, maggiorati del 10% diventeranno 30.000, che è la detrazione massima ammissibile.

Per conoscere la spesa massima sarà quindi sufficiente dividere la detrazione massima per l'aliquota del 110% (30.000/1,1 = 27.273).

---

[70] Decreto Legge 4 giugno 2013, n.63.

Quanto detto è specificato nel Decreto Asseverazioni del MiSE e in particolare nello schema delle asseverazioni.

Infine, va ricordato che **nei massimali per singolo intervento è compresa l'IVA, le spese tecniche di progettazione, delle asseverazioni, del visto di conformità e degli APE**; quindi, l'importo reale dei lavori consentito per ogni categoria di intervento di fatto si riduce ulteriormente.

6.1.1. Massimali assoluti: Condomini – interventi trainanti

INTERVENTO	DECRETO REQUISITI ECOBONUS	DETRAZIONE MASSIMA	SPESA MASSIMA
Interventi di isolamento delle superfici opache verticali, orizzontali ed inclinate che interessano l'involucro dell'edificio con un'incidenza superiore al 25 per cento della superficie disperdente lorda dell'edificio.	art. 2 comma 1 lett. b), p. ix art. 5 lett. a)	(≤8): 44k/ui (>8): 352k+33k/ui*	(≤8): 40k/ui (>8): 320k+30k/ui*
Installazione di collettori solari termici	art. 2 comma 1 lett. d) art. 5 lett. d), p. i	(≤8): 22k/ui (>8): 176.6k+16.5k/ui*	(≤8): 20k/ui (>8): 160k+15k/ui*

Caldaie a condensazione con ηs maggiore o uguale al 90% su impianti centralizzati	art. 2 comma 1 lett. e), p. iii art. 5 lett. d), p. ii	(≤8): 22k/ui (>8): 176.6k+16.5k/ui*	(≤8): 20k/ui (>8): 160k+15k/ui*
Sostituzione, integrale o parziale, di impianti di climatizzazione invernale con impianti dotati di generatori d'aria calda a condensazione	art. 2 comma 1 lett. e), p. iv art. 5 lett. d), p. ii	(≤8): 22k/ui (>8): 176.6k+16.5k/ui*	(≤8): 20k/ui (>8): 160k+15k/ui*
Sostituzione, integrale o parziale, di impianti di climatizzazione invernale con impianti dotati di pompe di calore ad alta efficienza	art. 2 comma 1 lett. e), p. v art. 5 lett. d), p. ii	(≤8): 22k/ui (>8): 176.6k+16.5k/ui*	(≤8): 20k/ui (>8): 160k+15k/ui*
Sostituzione, integrale o parziale, di impianti di climatizzazione invernale con impianti dotati di apparecchi ibridi	art. 2 comma 1 lett. e), p. viii art. 5 lett. d), p. ii	(≤8): 22k/ui (>8): 176.6k+16.5k/ui*	(≤8): 20k/ui (>8): 160k+15k/ui*
Microgeneratori	art. 2 comma 1 lett. e), p. x art. 5 lett. d), p. ii	(≤8): 22k/ui (>8): 176.6k+16.5k/ui*	(≤8): 20k/ui (>8): 160k+15k/ui*
Sostituzione di scaldacqua con scaldacqua a pompa di calore dedicati alla produzione di acqua calda sanitaria	art. 2 comma 1 lett. e), p. xii art. 5 lett. d), p. ii	(≤8): 22k/ui (>8): 176.6k+16.5k/ui*	(≤8): 20k/ui (>8): 160k+15k/ui*

	art. 2 comma 1 lett. e), p. xv art. 5 lett. d), p. ii	(≤8): 22k/ui (>8): 176.6k+16.5k/ui*	(≤8): 20k/ui (>8): 160k+15k/ui*
Allaccio a sistemi di teleriscaldamento efficiente			

Legenda:

- ui = unità immobiliari;
- ui* = unità immobiliari eccedenti le 8;
- k = migliaia di euro

(≤8): 44k/ui → si legge così: fino a 8 unità immobiliari il massimale è pari a 44.000 euro per ogni unità immobiliare.

*(>8): 352k+33k/ui** → si legge così: sopra le 8 unità immobiliari il massimale è pari a 352.000 euro + 33.000 euro per ogni unità immobiliare oltre le 8 unità.

Esempio: la spesa massima ammissibile per la coibentazione di un condominio di 20 appartamenti (ui) risulterà essere:
40.000 x 8 + 30.000 x 12 = 680.000 €

Solo nel caso di condomini, **concorrono al calcolo dei massimali anche le pertinenze**, a patto che siano distintamente accatastate e che formino un corpo unico con il fabbricato. Queste si contano quindi come unità immobiliari.

6.1.2. Massimali assoluti: Abitazioni unifamiliari – interventi trainanti

INTERVENTO	DECRETO REQUISITI ECOBONUS	DETRAZIONE MASSIMA	SPESA MASSIMA
Interventi di isolamento delle superfici opache verticali, orizzontali ed inclinate che interessano l'involucro dell'edificio con un'incidenza superiore al 25% della superficie disperdente lorda dell'edificio	art. 2 comma 1 lett. b), p. ix art. 5 lett. a)	€ 55.000	€ 50.000
Installazione di collettori solari termici	art. 2 comma 1 lett. d) art. 5 lett. d), p. i	€ 33.000	€ 30.000
Caldaie a condensazione con ηs maggiore o uguale al 90% su impianti centralizzati	art. 2 comma 1 lett. e), p. iii art. 5 lett. d), p. ii	€ 33.000	€ 30.000
Sostituzione, integrale o parziale, di impianti di climatizzazione invernale con impianti dotati di generatori d'aria calda a condensazione	art. 2 comma 1 lett. e), p. iv art. 5 lett. d), p. ii	€ 33.000	€ 30.000
Sostituzione, integrale o parziale, di impianti di climatizzazione invernale con impianti dotati di pompe di calore ad alta efficienza	art. 2 comma 1 lett. e), p. vi art. 5 lett. d), p. ii	€ 33.000	€ 30.000

Sostituzione, integrale o parziale, di impianti di climatizzazione invernale con impianti dotati di apparecchi ibridi	art. 2 comma 1 lett. e), p. viii art. 5 lett. d), p. ii	€ 33.000	€ 30.000
Microgeneratori	art. 2 comma 1 lett. e), p. x art. 5 lett. d), p. ii	€ 33.000	€ 30.000
Sostituzione di scaldacqua con scaldacqua a pompa di calore dedicati alla produzione di acqua calda sanitaria	art. 2 comma 1 lett. e), p. xii art. 5 lett. d), p. ii	€ 33.000	€ 30.000
Sostituzione degli impianti di climatizzazione invernale esistenti caldaie a biomassa aventi prestazioni emissive con i valori previsti almeno per la classe 5 stelle individuata ai sensi del regolamento di cui al decreto del Ministro dell'ambiente e della tutela del territorio e del mare 7 novembre 2017, n. 186	art. 2 comma 1 lett. e), p. xiv art. 5 lett. d), p. ii	€ 33.000	€ 30.000
Allaccio a sistemi di teleriscaldamento efficiente	art. 2 comma 1 lett. e), p. xv art. 5 lett. d), p. ii	€ 33.000	€ 30.000

6.1.3. Massimali assoluti: interventi trainati

INTERVENTO	DECRETO REQUISITI ECOBONUS	DETRAZIONE MASSIMA	SPESA MASSIMA
Coibentazione di strutture opache verticali, strutture opache orizzontali	art. 2 comma 1 lett. b), p. i art. 5 lett. a)	€ 60.000	€ 54.545
Sostituzione di finestre comprensive di infissi	art. 2 comma 1 lett. b), p. ii art. 5 lett. b)	€ 60.000	€ 54.545
Installazione di schermature solari	art. 2 comma 1 lett. b), p. iii art. 5 lett. c)	€ 60.000	€ 54.545
Installazione di collettori solari termici (intervento trainato)	art. 2 comma 1 lett. c) art. 5 lett. d), p. i	€ 60.000	€ 54.545
Caldaie a condensazione con efficienza energetica stagionale per il riscaldamento d'ambiente η_s maggiore o uguale al 90%	art. 2 comma 1 lett. e), p. i art. 5 lett. d), p. ii	€ 30.000	€ 27.272

Intervento di cui al superiore punto l) contestuale installazione di sistemi di termoregolazione evoluti, appartenenti alle classi V, VI oppure VIII della comunicazione della Commissione 20 14/C 207/02	art. 2 comma 1 lett. e), p. ii art. 5 lett. d), p. ii	€ 30.000	€ 27.272
Caldaie a condensazione con ηs maggiore o uguale al 90% su impianti centralizzati		€ 30.000	€ 27.272
Sostituzione, integrale o parziale, di impianti di climatizzazione invernale con impianti dotati di pompe di calore ad alta efficienza	art. 2 comma 1 lett. e), p. v art. 5 lett. d), p. ii	€ 30.000	€ 27.272
Microgeneratori	art. 2 comma 1 lett. e), p. ix art. 5 lett. d), p. ii	€ 100.000	€ 90.909
Installazione, di impianti di climatizzazione invernale dotati di generatori di calore alimentati da biomasse combustibili	art. 2 comma 1 lett. e), p. xiii art. 5 lett. d), p. ii	€ 30.000	€ 27.272

Sostituzione degli impianti di climatizzazione invernale esistenti con caldaie a biomassa aventi prestazioni emissive con i valori previsti almeno per la classe 5 stelle individuata ai sensi del regolamento di cui al decreto del Ministro dell'ambiente e della tutela del territorio e del mare 7 novembre 2017, n. 186		€ 30.000	€ 27.272
Allaccio a sistemi di teleriscaldamento efficiente		€ 30.000	€ 27.272
Sistemi di building automation	art. 2 comma 1 lett. f) art. 5 lett. d), p. iii	€ 15.000	€ 13.636
Pannelli fotovoltaici		€ 52.800	€ 48.000
Sistemi di accumulo per fotovoltaico		€ 52.800	€ 48.000
Infrastrutture per la ricarica di veicoli elettrici negli edifici		€ 2.200* € 1.650** € 1.320***	€ 2.000* € 1.500** € 1.200***

* per edifici unifamiliari o per le unità immobiliari situate all'interno di edifici plurifamiliari che siano funzionalmente indipendenti e dispongano di uno o più accessi autonomi dall'esterno;

** per edifici plurifamiliari o condomìni che installino fino a 8 colonnine;

*** per condomìni che installino un numero superiore a 8 colonnine.

6.2. Massimali specifici di costo

Nella definizione del tetto massimo di spesa è necessario inoltre rispettare i **massimali di costo specifici per singola tipologia di intervento**.

Tale ammontare è calcolato secondo quanto riportato nell'**allegato A**, punto 13, del **Decreto Requisiti Ecobonus**.

Il tecnico abilitato che sottoscrive l'asseverazione deve allegare il **computo metrico** ed asseverare che siano rispettati i costi massimi specifici per tipologia di intervento, rispettando i seguenti criteri:

a) i costi per tipologia di intervento sono inferiori o uguali ai prezzi medi delle opere compiute riportati nei **prezzari predisposti dalle regioni e dalle province autonome** territorialmente competenti, di concerto con le articolazioni territoriali del Ministero delle infrastrutture e dei trasporti relativi alla regione in cui è sito l'edificio oggetto dell'intervento.

In alternativa ai suddetti prezzari, il tecnico abilitato può riferirsi ai prezzi riportati nelle guide sui **"Prezzi informativi dell'edilizia" edite dalla casa editrice DEI - Tipografia del Genio Civile**;

b) nel caso in cui i prezzari di cui alla lettera a) non riportino le voci relative agli interventi, o parte degli interventi da eseguire, il tecnico abilitato determina i nuovi prezzi per tali interventi **in maniera analitica**, secondo un procedimento che tenga conto di tutte le variabili che intervengono nella definizione dell'importo stesso. La relazione firmata dal tecnico abilitato per la definizione dei nuovi prezzi deve essere allegata all'asseverazione;

c) sono ammessi alla detrazione **gli oneri per le prestazioni professionali** connesse alla realizzazione degli interventi, per la redazione dell'attestato di prestazione energetica APE, nonché per l'asseverazione, e per il visto di conformità, secondo i valori massimi di cui al decreto del Ministro della giustizia[71] .

A partire dal 15 aprile 2022, quando si effettuano delle verifiche per gli interventi di efficienza energetica (nell'ambito Superbonus, Ecobonus e Bonus Facciate), **si dovranno tenere presenti le nuove modalità introdotte dal Decreto Prezzi**. Per fare chiarezza su questo punto il MiTE ha pubblicato delle FAQ di chiarimento riportando alcuni esempi relativi alle voci che si possono considerare nel costo specifico indicato dall'Allegato A del Decreto Prezzi; in questo modo risulterà più agevole stabilire cosa si può e non si può detrarre.

Le 6 FAQ pubblicate dal MiTE

---

[71] Decreto del 17 giugno 2016 recante approvazione delle tabelle dei corrispettivi commisurati al livello qualitativo delle prestazioni di progettazione adottato ai sensi dell'articolo 24, comma 8, del decreto legislativo n. 50 del 2016.

1) Casi in cui è richiesta l'asseverazione della congruità dei costi degli interventi energetici.

L'asseverazione di congruità delle spese deve essere rilasciata per tutti gli interventi energetici ammessi a beneficiare delle detrazioni previste al comma 2 dell'articolo 121 del DL 34/2020, qualora si utilizzino le opzioni di cessione del credito e lo sconto in fattura.

Tali interventi comprendono:

a) recupero del patrimonio edilizio (**Bonus casa** – art. 16-bis, comma 1, lettere a) e b), a), b) e d) DPR 917/1986)

b) **Ecobonus** (art. 14 DL 63/2013) e **Superbonus** (commi 1,2 art.119 DL 34/2020)

c) **Sismabonus** (art. 16 DL 63/2013) e **SuperSismabonus** (comma 4 art.119 DL 34/2020)

d) Recupero o restauro della facciata degli edifici esistenti (**Bonus facciate** – commi 219-220 legge 160/2019)

e) installazione di **impianti fotovoltaici** (art.16-bis DPR 917/1986 e commi 5,6 art.119 DL 34/2020)

f) installazione di **colonnine per la ricarica dei veicoli elettrici** (art.16-ter DL 63/2013 e comma 8 art.119 DL 34/2020)

Nel caso di interventi che rientrino nel Superbonus, l'asseverazione della congruità delle spese è richiesta anche nel caso di fruizione diretta della detrazione da parte del richiedente.

Relativamente all'Ecobonus, non c'è obbligo di asseverazione per:

• le opere che rientrano nelle attività di edilizia libera;

- gli interventi di importo complessivo inferiori a 10.000 €, eseguiti sulle singole unità immobiliari o sulle parti comuni dell'edificio, eccetto gli interventi di recupero/restauro della facciata esterna degli edifici esistenti (Bonus Facciate).

Nei due casi sopra citati l'ammontare massimo delle detrazioni o della spesa massima ammessa si calcola solo basandosi sui costi massimi specifici per tipologia di intervento (Allegato I al D.M. Requisiti Tecnici).

2) *I costi indicati in Allegato A al DM costi massimi sono riferiti solamente ai costi di fornitura dei beni o alle opere compiute? Qualora siano riferiti ai soli costi della fornitura dei beni, ci si riferisce al singolo bene indicato in tabella o all'insieme dei beni che concorrono alla realizzazione dell'intervento indicato in tabella?*

L'allegato A si riferisce solo ai costi di fornitura dell'insieme dei beni che concorrono a realizzare l'intervento indicato in tabella.

Tali costi non comprendono: prestazioni professionali, IVA, costi di manodopera ed installazione.

Tra le "opere relative all'installazione" ricadono unicamente quelle per i ponteggi (opere provvisionali) e le opere di sicurezza.

Ecco alcuni esempi (a titolo esemplificativo e non esaustivo):

- nel caso di <u>isolamento di pareti disperdenti</u>, la fornitura dell'isolante termico, del sistema di ancoraggio, tutti i materiali che concorrono alla realizzazione dell'intonaco esterno di copertura dell'isolante, etc. Inoltre, per le superfici orizzontali o inclinate, la pavimentazione (non di pregio), le tegole, il controsoffitto della sola porzione isolata, etc.;

- nel caso di <u>infissi</u>, la fornitura di infisso, telaio, controtelaio, celetto, cassonetto, tapparella, rullo avvolgibile, avvolgitore, persiane e, ove previsto, componentistica dell'impianto elettrico, etc.;
- nel caso di <u>schermature solari e/o ombreggiamenti mobili</u> la fornita della schermatura solare e/o ombreggiante, il sistema di montaggio e, ove previsto, la componentistica dell'impianto elettrico, etc.;
- nel caso di <u>impianti solari termici</u>, la fornitura del pannello solare, sistema di montaggio, serbatoio di accumulo, componentistica dell'impianto idraulico e, ove previsto, dell'impianto elettrico, i sistemi di pompaggio, etc.;
- nel caso di <u>caldaie a condensazione</u>, la fornitura della caldaia, canna fumaria e, ove previsto, sistema di termoregolazione evoluti, sistema di pompaggio, sistema di trattamento dell'acqua, componentistica dell'impianto idraulico ed elettrico, compresi serbatoi di accumulo, etc.;
- nel caso di <u>impianti con micro-cogeneratori</u>, la fornitura del cogeneratore, canna fumaria, componentistica dell'impianto idraulico (compreso i serbatoi di accumulo), elettrico e di adduzione del combustibile, etc.;
- nel caso di <u>impianti a pompe di calore</u>, la fornitura della pompa di calore, la componentistica comprensiva del circuito del gas frigorigeno,

dell'impianto idraulico o aeraulico (compreso i serbatoi di accumulo), elettrico e, ove previsto, di adduzione del gas, etc.;

- nel caso di impianti ibridi, quanto indicato per le caldaie a condensazione e per le pompe di calore, etc.;

- nel caso di caldaie a biomasse, la fornitura della caldaia, canna fumaria, sistema di abbattimento delle emissioni in atmosfera, sistema di stoccaggio della biomassa, sistema di caricamento della biomassa e, ove previsto, sistema di termoregolazione evoluti, sistema di pompaggio, sistema di trattamento dell'acqua, componentistica dell'impianto idraulico ed elettrico, compresi serbatoi di accumulo, etc.;

- nel caso di sistemi di building automation, la fornitura del sistema e la componentistica dell'impianto idraulico ed elettrico, etc.

I costi di cui alla Tabella A del DM costi massimi non comprendono l'IVA, i costi delle prestazioni professionali, i costi connessi alle opere relative all'installazione e tutti i costi della manodopera. Rientrano tra le "opere relative alla installazione" unicamente quelle relative alle opere provvisionali (compresi i ponteggi) ed alle opere connesse ai costi della sicurezza.

3) *Le modalità di calcolo dei costi non rientranti nella tabella A "costi massimi specifici" allegata al Decreto, ossia l'IVA, le prestazioni professionali, le opere relative all' installazione e la manodopera.*

Ai fini del calcolo dell'IVA si rimanda alla normativa in materia e ai relativi atti di interpretazione e applicazione dell'Agenzia delle entrate.

Le spese professionali sono invece verificate sulla base dei massimali previsti dal decreto del Ministro della giustizia 17 giugno 2016, recante approvazione delle tabelle dei corrispettivi commisurati al livello qualitativo delle prestazioni di progettazione adottato ai sensi dell'articolo 24, comma 8, del DLGS 50/2016.

I costi delle opere relative all'istallazione e quelli della manodopera sono calcolati con riferimento ai prezzari indicati all'articolo 3, comma 4, del DM costi massimi.

4) Creazione di nuovi prezzi, da parte del tecnico abilitato, per voci di costo non rilevabili nei prezzari.

Il "nuovo prezzo" deve essere predisposto in maniera analitica, secondo un procedimento che tenga conto di tutte le variabili che intervengono nella definizione dell'importo stesso.

In particolare, il tecnico dovrà fornire una relazione firmata da allegare all'asseverazione, che sarà pertanto oggetto di controllo ai sensi del decreto del Ministro dello sviluppo economico 6 agosto 2020 (c.d. "DM Asseverazioni"). Tale relazione dovrà indicare le modalità di determinazione delle voci di costo non comprese nei prezzari, tenendo presente che le stesse possono essere desunte da altri prezzari o essere equiparate a lavorazioni similari in essi presenti. Molti prezzari regionali forniscono indicazioni analitiche sulle modalità di determinazione dei nuovi prezzi.

5) La procedura da seguire per l'asseverazione dei costi per gli interventi rientranti nell'ambito di applicazione del DM Costi Massimi.

Il DM costi massimi si applica nei casi indicati nella FAQ 1. Ai fini dell'asseverazione della congruità delle spese sostenute si deve fare riferimento:

- ai prezzari individuati dal DM Requisiti tecnici, ovvero a quelli di cui all'articolo 3, comma 4, del DM costi massimi;
- ai valori massimi stabiliti, per talune categorie di beni, con decreto del Ministro della transizione ecologica (DM costi massimi).

Pertanto, **l'asseverazione della spesa sostenuta deve prevedere un doppio controllo, sia rispetto ai prezzari, sia rispetto al DM costi massimi**. Il controllo rispetto ai prezzari comporterà la verifica della spesa sostenuta rispetto all'opera compiuta (fornitura e installazione); il controllo rispetto al DM costi massimi comporterà la verifica della spesa sostenuta rispetto alla sola fornitura dei beni (FAQ n. 2).

La spesa ammissibile asseverata sarà quindi pari al valore minore tra quella derivante dai due controlli e la spesa sostenuta, così come riportato nella tabella seguente.

	ASSEVERAZIONE DELLE SPESE SOSTENUTE			
	Controllo 1 Prezzario	Controllo 2 DM Costi massimi	Spesa sostenuta	Spesa massima ammissibile
Opera compiuta	Prezzario			
Costi dei beni Allegato A (fornitura)		Allegato A		min (controllo1; contollo2; spesa sostenuta)
Opere relative alla installazione		Prezzario	Fatture	
Manodopera per l'installazione		Prezzario		
TOTALE				

Fermi restando i limiti massimi previsti dalle specifiche discipline a cui gli interventi fanno riferimento, l'ammontare delle detrazioni concedibili e l'ammontare della spesa massima ammissibile a detrazione dovranno essere calcolati con riferimento alla totalità dei costi sostenuti, comprensivi dell'IVA, delle prestazioni professionali (cfr. FAQ n. 3) e di altri costi ammissibili dalle specifiche normative di riferimento (visto di conformità etc.).

Nella tabella seguente è rappresentato uno schema di determinazione della spesa detraibile ammissibile.

SPESA DETRAIBILE AMMISSIBILE			
	Spesa di intervento	Spesa massima ammissibile per intervento	Spesa detraibile ammissibile
Spesa massima ammissibile asseverata	asseverazione spesa sostenuta	Norma primaria	min (spesa di intervento; spesa massima ammissibile)
Prestazioni professionali	min (DM 17 giugno 2016; fattura)		
Altri costi — Visto di conformità Etc.	fatture		
IVA	fatture		
TOTALE			

6) *La verifica della spesa sostenuta per interventi di Ecobonus per i quali non è necessaria l'asseverazione della congruità delle spese.*

Per gli interventi di Ecobonus che non richiedono l'asseverazione delle spese sostenute (che non accedono all'opzione di cessione del credito o sconto in fattura, che accedono alle citate opzioni ma hanno un costo inferiore a 10.000 euro o sono in edilizia libera, ovvero per i quali non è necessaria l'asseverazione ai sensi dell'Allegato A del DM requisiti tecnici) è comunque necessario verificare il rispetto dei costi massimi specifici per tipologia di intervento di cui all'Allegato A.

Tale verifica, per cui non è necessaria l'asseverazione da parte di un tecnico abilitato, concorre al calcolo della spesa massima ammissibile a cui dovranno essere aggiunti tutti gli altri costi (IVA, prestazioni professionali - solo quando applicabile - opere di installazione e manodopera).

Al riguardo, rileva il valore minimo tra quello indicato nella tabella di cui all'Allegato A al DM costi massimi e quello oggetto di fattura. Si precisa che tale verifica è limitata solamente agli interventi ammessi all'Ecobonus.

Per le spese sostenute che eccedono il costo massimo unitario e la spesa massima ammissibile al Superbonus non è possibile fruire di altra agevolazione.

Nell'articolo 13-bis viene infine evidenziato che i prezzari regionali e DEI devono essere utilizzati per la verifica di congruità delle spese di tutti i bonus fiscali.

6.3.   Computo metrico

Secondo quanto indicato al punto 13 dell'Allegato A del Decreto Requisiti Ecobonus[72], per gli interventi *"trainanti"* e *"trainati"* di efficientamento energetico previsti dal Superbonus, il tecnico abilitato giustifica i costi attraverso:

- i **prezzari regionali o delle province autonome** relativi alle regioni in cui si trova l'edificio oggetto di intervento;

- in alternativa ai suddetti prezzari, i **prezzari DEI**.

Se non sono presenti le voci degli interventi o parte degli interventi da seguire, allora il tecnico procede per via analitica, avvalendosi anche dell'allegato I del Decreto Requisiti Ecobonus.

È fondamentale ricordare che i prezzi contenuti nei prezzari non sono quelli da applicare sistematicamente, ma sono

---

[72] D.M. 06/08/2020.

quelli **massimi applicabili** e che non è la regola applicare sempre questi prezzi.

Il tecnico asseveratore dovrà produrre le documentazioni del caso, quali **elenco prezzi e computo**, e una volta compilati, verificare che i costi della ditta siano inferiori a quelli presenti nei prezzari regionali o DEI, presi a riferimento. Si può indifferentemente utilizzare uno dei due prezzari (ovvero regionali o DEI).

Il tecnico dovrà quindi allegare alla sua asseverazione ad Enea sul Portale SuperEcobonus, il **Computo Metrico, ovvero il computo globale, corrispondente al 100% dei lavori oggetto della asseverazione**.

Quindi, anche nel caso di SAL[73] intermedi (ad esempio 30% e 60%), si carica comunque il computo metrico complessivo.

Si consiglia di organizzare il computo metrico per lavori e voci omogenee.

Nei SAL successivi (60% e fine lavori), è possibile ad ogni modo aggiornare il documento precedentemente caricato al SAL 30%, qualora siano subentrate delle varianti in corso d'opera.

In caso di varianti in corso d'opera, si consiglia di evidenziare le variazioni subentrate all'interno del computo metrico.

Il Computo Metrico da allegare deve essere **unico** e deve contenere:

- le voci relative ai costi reali degli interventi sulle parti comuni condominiali;

---

[73] Stato Avanzamento Lavori.

- le voci relative ai costi reali degli interventi sulle parti private (costi relativi a ciascuna unità immobiliare presente nell'edificio condominiale);

- le spese professionali per la realizzazione dell'intervento (a titolo di esempio: attestati di prestazione energetica, progettazione, direzione lavori, spese per il rilascio del visto di conformità, relazione tecnica[74], elaborati grafici e tutto ciò che è tecnicamente necessario per la realizzazione dell'intervento);

- le spese sostenute per la documentazione da presentare presso gli enti competenti.

Per ciascuna voce, occorre specificare quale sia il prezzario preso a riferimento.

Per quanto concerne le spese professionali, queste devono risultare inferiori ai valori massimi previsti dal DM 17 giugno 2016[75] (si veda il capitolo 7).

Poiché il Decreto Requisiti Ecobonus richiede la giustificazione dei costi nel computo metrico per gli interventi di efficientamento energetico *"trainanti"* e *"trainati"* di cui ai commi 1 e 2 dell'art 119, **è facoltativo inserire nel Computo Metrico:**

- installazione degli impianti fotovoltaici e relativi sistemi di accumulo (commi 5 e 6, art. 119);

---

[74] Ai sensi dell'art 8 comma 1 dlgs 192 05 "ex legge 10/91".
[75] Per la determinazione del corrispettivo per le prestazioni professionali si veda il capitolo 7.

- colonnine di ricarica per i veicoli elettrici (comma 8, art. 119).

Per tali costi, il Portale SuperEcobonus effettua la verifica per i relativi limiti di spesa massimi ammissibili e il limite di spesa per kW di potenza nominale nel caso degli impianti fotovoltaici e per kWh di capacità di accumulo per i sistemi di accumulo.

6.4.   Asseverazione congruità costi nella pratica

Vogliamo ora vedere nella pratica come sono cambiate le modalità di asseverazione dei costi con il Decreto Prezzi.

Il punto di partenza è il **Computo Metrico**, con il quale si effettua la <u>verifica di congruità dei costi</u> secondo quanto previsto dal MiTE nella faq 5 (vedi paragrafo 6.2).

Da questo controllo si avranno da un lato gli **importi asseverati per gli interventi previsti** (ovvero l'importo ammissibile asseverato) e da un lato eventuali **accolli spesa** generati dalla verifica **di "congruità"**.

Dagli importi asseverati, aggiungendo le spese tecniche, altre spese, la cassa e l'IVA, si genera il quadro economico per la <u>verifica dei massimali di spesa per le varie categorie di intervento.</u>

Dal quadro economico si avranno indicazioni sulla **spesa ammessa a detrazione fiscale** ed eventuali **accolli spesa da "massimali"**.

Gli accolli spesa su "congruità" e gli accolli spesa su "massimali" generano gli accolli spesa totali.

Per la verifica di congruità dei costi su citata, riprendiamo la tabella del MiTE presente nella faq 5.

| | ASSEVERAZIONE DELLE SPESE SOSTENUTE | | | |
| | Controllo 1 | Controllo 2 | Spesa sostenuta | Spesa massima ammissibile |
	Prezzario	DM Costi massimi		
Opera compiuta	Prezzario			
Costi dei beni Allegato A (fornitura)		Allegato A		min (controllo1;
Opere relative alla installazione		Prezzario	Fatture	contollo2; spesa
Manodopera per l'installazione		Prezzario		sostenuta)
TOTALE				

Le "opere relative alla installazione" riguardano solo **la sicurezza e i ponteggi**.

L'importo per queste opere è uguale sia per il Controllo 1 (ed è contenuto all'interno dell'opera compiuta) che per il Controllo 2.

Nella voce "manodopera per l'installazione" rientra la stessa manodopera necessaria alla posa in opera dello stesso intervento con prezzario (quindi quella presente nel Controllo 1). Questa si può estrapolare dai singoli prezzi oppure può essere stimata con prezzario nei casi in cui non è indicata la relativa percentuale sui singoli prezzi.

Dalla verifica di congruità si potrebbe ottenere un potenziale accollo spesa non ammesso a detrazione che sarà quindi da pagare al 100%. È pertanto conveniente effettuare le verifiche sui costi totali e non sui costi specifici (€/mq x mq, oppure €/kWt x kWt, ecc).

Il Controllo 1 si è effettua prendendo da Prezzario tutte le singole voci che definiscono un particolare intervento, quindi l'opera compiuta, composta da fornitura, manodopera, sicurezza e ponteggi.

Il Controllo 2, invece, prende la sola fornitura dall'Allegato A, mentre sicurezza e ponteggi, e la manodopera, sono gli stessi inseriti nel Controllo 1 (all'interno dell'opera compiuta).

Da qui si prende il valore minimo ottenuto tra il Controllo 1 e la somma del Controllo 2; questo valore minimo andrà confrontato con la spesa sostenuta (ovvero quanto indicato in fattura o l'importo da contratto).

Se la spesa sostenuta è inferiore al minimo, tutto può essere portato in detrazione e la spesa sostenuta sarà il costo asseverato.

Se la spesa sostenuta è superiore al minimo, il minimo diventerà il costo asseverato, e la differenza in eccesso sarà l'accollo spesa generato dalla "congruità".

Per eseguire questa verifica di congruità è quindi necessario distinguere le diverse tipologie di intervento, secondo quanto previsto dall'Allegato A che riportiamo di seguito.

Si ricorda che la tipologia "Riqualificazione energetica" non è un caso che può beneficiare del Superbonus.

Tipologia di intervento	Spesa specifica massima ammissibile
Riqualificazione energetica	
Interventi di cui all'articolo 2, comma 1, lettera a), del DM 6 agosto 2020 (c.d. "Requisiti tecnici") - zone climatiche A, B, C	960 €/m²
Interventi di cui all'articolo 2, comma 1, lettera a), del DM 6 agosto 2020 (c.d. "Requisiti tecnici") - zone climatiche D, E, F	1.200 €/m²
Strutture opache orizzontali: isolamento coperture	
Esterno	276 €/m2
Interno	120 €/m2
Copertura ventilata	300 €/m2
Strutture opache orizzontali: isolamento pavimenti	
Esterno	144 €/m2
Interno/terreno	180 €/m2
Strutture opache verticali: isolamento pareti perimetrali	
Zone climatiche A, B e C	
- Esterno/diffusa	180 €/m2
- Interno	96 €/m2
- Parete ventilata	240 €/m2
Zone climatiche D, E ed F	
- Esterno/diffusa	195 €/m2
- Interno	104 €/m2
- Parete ventilata	260 €/m2
Sostituzione di chiusure trasparenti, comprensive di infissi	
Zone climatiche A, B e C	
- Serramento	660 €/m2
- Serramento + chiusura oscurante (persiana, tapparelle, scuro)	780 €/m2
Zone climatiche D, E ed F	
- Serramento	780 €/m2
- Serramento + chiusura oscurante (persiana, tapparelle, scuro)	900 €/m2
Installazione di sistemi di schermatura solari e/o ombreggiamenti mobili comprensivi di eventuali meccanismi di automatici di regolazione	276 €/m2

Impianti a collettori solari	
Scoperti	900 €/m2
Piani vetrati	1.200 €/m2
Sottovuoto e a concentrazione	1.500 €/m2
Impianti di riscaldamento con caldaie ad acqua a condensazione e/o generatori di aria calda a condensazione (*)	
$P_{nom} \le 35kWt$	240 €/kWt
$P_{nom} > 35kWt$	216 €/kWt
Impianti con micro-cogeneratori	
Motore endotermico / altro	3.720 €/kWe
Celle a combustibile	30.000 €/kWe
Impianti con pompe di calore (*)	

Tipologia di pompa di calore	Esterno/Interno	
Compressione di vapore elettriche o azionate da motore primo e pompe di calore ad assorbimento	Aria/Aria	720 €/kWt (**)
	Altro	1.560 €/kWt
Pompe di calore geotermiche		2.280 €/kWt

Impianti con sistemi ibridi (*)	1.860 €/kWt[i]
Impianti con generatori di calore alimentati a biomasse combustibili (*)	
$P_{nom} \le 35kWt$	420 €/kWt
$P_{nom} > 35kWt$	540 €/kWt
Impianti di produzione di acqua calda sanitaria con scaldacqua a pompa di calore	
Fino a 150 litri di accumulo	1.200 €
Oltre 150 litri di accumulo	1.500 €
Installazione di tecnologie di building automation	60 €/m2

(*) Nel solo caso in cui l'intervento comporti il rifacimento del sistema di emissione esistente, come opportunamente comprovato da opportuna documentazione, al massimale si aggiungono 180 €/m² per sistemi radianti a pavimento, o 60 €/m² negli altri casi, ove la superficie si riferisce alla superficie riscaldata.

(**) Nel caso di pompe di calore a gas la spesa specifica massima ammissibile è pari a 1.200 €/kWt.

I costi esposti in tabella si considerano al netto di IVA, prestazioni professionali, opere relative alla installazione e manodopera per la messa in opera dei beni.

Negli impianti con sistemi ibridi ci si riferisce alla potenza utile in riscaldamento della pompa di calore.

Nota: per considerare il maggior spessore di isolante impiegato per la coibentazione delle superfici opache verticali in zone climatiche fredde, si propone una differenziazione di prezzo tra le zone climatiche, come già avviene per gli infissi.

Il computo metrico andrà quindi strutturato possibilmente come l'Allegato A, diviso con le stesse tipologie di intervento (es. isolamento coperture) e con le stesse sottocategorie (es. esterno, interno, copertura ventilata), mantenendo distinte le voci relative a sicurezza e ponteggio.

Nelle sottocategorie saranno ricomprese le N lavorazioni (ovvero forniture) individuate da eseguire. Nel caso di un lavoro sulla copertura, le lavorazioni saranno ad esempio il materiale isolante, le guaine, i pluviali, le scossaline, le tegole, ecc.

Sicurezza e ponteggio possono essere ripartite proporzionalmente tra gli interventi, oppure possono essere calcolate singolarmente per ogni intervento.

Tutte le voci in cui non compare la fornitura, ad esempio le rimozioni o il trasporto in discarica di materiale esistente (quindi lavorazioni che non contengono percentuali di fornitura di materiali) devono essere tolte dalle sottocategorie in quanto su queste si effettua la vecchia verifica di congruità, ovvero la sola verifica tramite prezzario ("vecchio" metodo, ante 15/04/22). Queste voci non sono incluse tra quelle dell'Allegato A.

Il costo del Controllo 1 sarà dato quindi dalla somma delle N lavorazioni (con percentuale di fornitura) moltiplicate per la loro misura di riferimento (es. mq), con la relativa manodopera, più la quota parte di sicurezza e ponteggio.

Il costo del Controllo 2 sarà dato invece dal costo specifico della fornitura (ricavato dall'Allegato A) moltiplicato per la misura di riferimento (es. mq), più la quota parte di sicurezza e ponteggio (ricavata dal Controllo 1), più il totale manodopera (ricavata dal Controllo 1).

Per concludere, dal 15 aprile 2022 sarà necessario eseguire **due verifiche di congruità**:

- Verifica con Allegato A: prendendo il valore minimo tra il costo del controllo 1, il costo del controllo 2 e il costo da contratto/fattura.
- Verifica con Prezzari: prendendo il valore minimo tra le altre spese non incluse nell'Allegato A del costo del controllo 1 e le altre spese non incluse nell'Allegato A del costo da contratto/fattura.

I due minimi risultanti dalle due verifiche saranno **l'importo ammesso asseverato** della categoria di intervento che si sta analizzando (ad esempio la categoria isolamento) somma delle varie tipologie di intervento (isolamento tetto, pareti e pavimenti).

Con l'importo asseverato di quella categoria di intervento, costruiamo il quadro economico aggiungendo le spese tecniche, altre spese, oneri e IVA, che andremo a confrontare con il **massimale di spesa di quella categoria di intervento** (es. 50.000 euro lordi di isolamento per le unifamiliari).

CATEGORIA INTERVENTO	TIPOLOGIA INTERVENTO	VERIFICA DI CONGRUITA'	ACCOLLO DI CONGRUITA'
	1) ISOLAMENTO COPERTURE: ESTERNO	IMPORTO ASSEVERATO 1	ACCOLLO 1
ISOLAMENTO TERMICO	2) ISOLAMENTO PAVIMENTI: ESTERNO	IMPORTO ASSEVERATO 2	ACCOLLO 2
	3) ISOLAMENTO PAVIMENTO: INTERNO/TERRENO	IMPORTO ASSEVERATO 3	ACCOLLO 3
	4) ISOLAMENTO PARETE: ESTERNO	IMPORTO ASSEVERATO 4	ACCOLLO 4
	TOTALE CATEGORIA ISOLAMENTO TERMICO	IMPORTO TOTALE AMMESSO ASSEVERATO ISOLAMENTO TERMICO	TOTALE ACCOLLO CONGRUITA' ISO. TERM.

BASE IMPONIBILE PER QUADRO
ECONOMICO ISOLAMENTO TERMICO

6.5. Spese accessorie per le quali spetta la detrazione

La detrazione del 110 per cento per la realizzazione degli interventi previsti dal Superbonus spetta anche per le **spese di progettazione** e per le **spese dovute a opere complementari** relative alla installazione e alla messa in opera delle tecnologie, ed in particolare:

a) interventi che comportano una **riduzione della trasmittanza termica U degli elementi opachi** costituenti l'involucro edilizio, comprensivi delle opere provvisionali e accessorie, attraverso:

    I.   fornitura e messa in opera di materiale coibente per il miglioramento delle caratteristiche termiche delle strutture esistenti;

II. fornitura e messa in opera di materiali ordinari, anche necessari alla realizzazione di ulteriori strutture murarie a ridosso di quelle preesistenti, per il miglioramento delle caratteristiche termiche delle strutture esistenti;

III. demolizione e ricostruzione dell'elemento costruttivo;

IV. demolizione, ricostruzione o spostamento, anche sottotraccia, degli impianti tecnici insistenti sulle superfici oggetto degli interventi di cui alla presente lettera a);

b) interventi che comportano una **riduzione della trasmittanza termica U delle finestre comprensive degli infissi**, attraverso:

I. miglioramento delle caratteristiche termiche delle strutture esistenti con la fornitura e posa in opera di una nuova finestra comprensiva di infisso;

II. miglioramento delle caratteristiche termiche dei componenti vetrati esistenti con integrazioni e sostituzioni;

III. coibentazione o sostituzione dei cassonetti nel rispetto dei valori limite delle trasmittanze previsti per le finestre comprensive di infissi;

c) interventi di fornitura e installazione di **sistemi di schermatura solare** e/o chiusure tecniche oscuranti mobili, montate in modo solidale all'involucro edilizio o ai suoi componenti, all'interno, all'esterno o integrati alla superficie finestrata nonché l'eventuale smontaggio e dismissione di analoghi sistemi preesistenti, nonché la fornitura e messa in opera di meccanismi automatici di regolazione e controllo delle schermature;

d) interventi impiantistici concernenti la climatizzazione invernale e/o la produzione di acqua calda e l'installazione di sistemi di building automation attraverso:

I.   fornitura e posa in opera di tutte le apparecchiature termiche, meccaniche, elettriche ed elettroniche, nonché delle opere idrauliche e murarie necessarie per la realizzazione a regola d'arte di impianti solari termici organicamente collegati alle utenze, anche in integrazione con impianti termici;

II.   smontaggio e dismissione dell'impianto di climatizzazione invernale esistente, parziale o totale, fornitura e posa in opera di tutte le apparecchiature termiche, meccaniche, elettriche ed elettroniche, delle opere idrauliche e murarie necessarie per la sostituzione, a regola d'arte, di impianti di climatizzazione invernale con impianti di cui all'articolo 2, comma 1, lettera e) del Decreto Requisiti Ecobonus. Sono altresì ricomprese le spese per l'adeguamento della rete di distribuzione e diffusione, dei sistemi di accumulo, dei sistemi di trattamento dell'acqua, dei dispositivi di controllo e regolazione nonché dei sistemi di emissione;

III.   fornitura e posa in opera di tutte le apparecchiature elettriche, elettroniche e meccaniche nonché delle opere elettriche e murarie necessarie per l'installazione e la messa in funzione a regola d'arte, all'interno degli edifici o delle unità abitative, di sistemi di building automation degli impianti termici degli edifici. Non è compreso tra le spese ammissibili l'acquisto di dispositivi che permettono di interagire da remoto con le predette apparecchiature, quali telefoni cellulari, tablet e personal computer o dispositivi similari comunque denominati.

e) prestazioni professionali necessarie alla realizzazione degli interventi di cui alle superiori lettere, comprensive della redazione, delle asseverazioni e dell'attestato di prestazione energetica.

6.6. Limite di spesa per le organizzazioni non lucrative, di volontariato e le associazioni

Il Decreto Semplificazioni (DL 77/2021) inserisce un nuovo comma 10-bis all'articolo 119, il quale dispone **regole specifiche di calcolo del tetto di spesa** per le organizzazioni non lucrative di utilità sociale, per le organizzazioni di volontariato e per le associazioni di promozione sociale (comma 9, lett. d-bis), con i seguenti requisiti:

a) svolgano attività di prestazione di servizi socio-sanitari e assistenziali, e i cui membri del Consiglio di Amministrazione non percepiscano alcun compenso o indennità di carica;

b) siano in possesso di immobili rientranti nelle categorie catastali B/1 (collegi e convitti, educandati, ricoveri, orfanotrofi, ospizi, conventi, seminari, caserme), B/2 (case di cura ed ospedali, senza fine di lucro) e D/4 (case di cura ed ospedali, con fine di lucro), a titolo di proprietà, nuda proprietà, usufrutto o comodato d'uso gratuito (purché il contratto sia regolarmente registrato in data certa anteriore alla data di entrata in vigore del DL 77/2021).

Per tali soggetti, il limite di spesa ammesso alle detrazioni Superbonus, previsto per le singole unità immobiliari, è **moltiplicato per il rapporto tra la superficie complessiva dell'immobile oggetto degli interventi** di efficientamento energetico, di miglioramento o di adeguamento antisismico (previsti ai commi 1, 2, 3, 3-bis, 4, 4-bis, 5, 6, 7 e 8), **e la superficie media di una unità abitativa immobiliare**, come ricavabile dal Rapporto Immobiliare pubblicato dall'Osservatorio del Mercato Immobiliare dell'Agenzia delle Entrate.

6.7.   Superbonus rafforzato

La legge n. 126/2020 ha introdotto, al Decreto Rilancio, il comma 4-ter, successivamente corretto dalla legge di Bilancio 2021. Tale comma evidenzia che **i limiti delle spese ammesse alla fruizione degli incentivi fiscali Ecobonus e Sismabonus**, sostenute **entro il 30 giugno 2022** (comma 8-ter, legge di Bilancio 2022), **sono aumentati del 50%** per gli interventi di ricostruzione riguardanti i fabbricati danneggiati dal sisma in determinati comuni[76], nonché nei comuni interessati da tutti gli eventi sismici

---

[76] Comuni di cui agli elenchi allegati al decreto-legge 17 ottobre 2016, n. 189, convertito, con modificazioni, dalla legge 15 dicembre 2016, n. 229, e di cui al decreto-legge 28 aprile 2009, n. 39, convertito, con modificazioni, dalla legge 24 giugno 2009, n. 77.

verificatisi dopo l'anno 2008 dove sia stato dichiarato lo stato di emergenza.

In tal caso, gli incentivi sono alternativi al contributo per la ricostruzione e sono fruibili per tutte le spese necessarie al ripristino dei fabbricati danneggiati, comprese le case diverse dalla prima abitazione, con esclusione degli immobili destinati alle attività produttive.

Nel comma 4-ter si evidenzia, infine, che nei comuni dei territori colpiti da eventi sismici verificatisi a far data dal 1° aprile 2009 dove sia stato dichiarato lo stato di emergenza, gli incentivi di Sismabonus spettano per l'importo eccedente il contributo previsto per la ricostruzione.

Per questa categoria, la detrazione per gli incentivi fiscali spetta per le spese sostenute **entro il 31 dicembre 2025**, nella misura del 110%.

6.8.   IVA al 10% e beni significativi

In questo paragrafo analizziamo tutti gli aspetti relativi all'applicazione dell'Iva al 10% negli interventi di manutenzione ordinaria e straordinaria, con particolare attenzione ai **beni significativi** e alla **manodopera**.

In caso di manutenzione (ordinaria e straordinaria), i beni significativi forniti nell'ambito della prestazione complessiva godono di agevolazione Iva al 10% se il loro valore non supera la metà di quello dell'intera prestazione, altrimenti occorre scorporare l'imponibile (e applicare solo in parte Iva al 10). Se il loro valore supera la metà dell'intera prestazione, l'Iva al 10% per i beni significativi si può applicare solo fino a concorrenza del valore di (manodopera

+ materie prime e semilavorate + altri «beni finiti» non significativi). Tutta la parte eccedente va al 22%.

Questa è la regola di base da seguire.

Interventi di manutenzione

Si definisce intervento di **manutenzione ordinaria**: "*gli interventi edilizi che riguardano le opere di riparazione, rinnovamento e sostituzione delle finiture degli edifici e quelle necessarie ad integrare o mantenere in efficienza gli impianti tecnologici esistenti*".

Rientrano dunque negli interventi di manutenzione ordinaria la sostituzione di un infisso con uno di eguale tipologia, la sostituzione di pavimenti, la tinteggiatura di pareti, soffitti, infissi interni ed esterni, il rifacimento di intonaci interni, l'impermeabilizzazione di tetti e terrazze, la verniciatura delle porte dei garage, l'integrazione di un impianto di antenna, ecc.

Gli interventi di **manutenzione straordinaria** sono invece: "*le opere e le modifiche necessarie per rinnovare e sostituire parti anche strutturali degli edifici, nonché per realizzare ed integrare i servizi igienico-sanitari e tecnologici, sempre che non alterino la volumetria complessiva degli edifici e non comportino modifiche delle destinazioni di uso. Nell'ambito* *degli interventi di manutenzione straordinaria sono ricompresi anche quelli consistenti nel frazionamento o accorpamento delle unità immobiliari con esecuzione di opere anche se comportanti la variazione delle superfici delle singole unità immobiliari nonché del carico urbanistico purché non sia modificata la volumetria complessiva degli edifici e si mantenga l'originaria destinazione d'uso".*

Alcuni esempi di interventi di manutenzione straordinaria:

- installazione di ascensori e scale di sicurezza
- realizzazione e miglioramento dei servizi igienici
- sostituzione di infissi esterni e serramenti o persiane con serrande e con modifica di materiale o tipologia di infisso
- rifacimento di scale e rampe
- interventi finalizzati al risparmio energetico
- recinzione dell'area privata
- costruzione di scale interne
- realizzazione nuovi impianti
- installazione di una caldaia e dell'impianto termico
- modifica alla disposizione dei vani dell'appartamento

Iva al 10% negli interventi di manutenzione ordinaria e straordinaria

La legge 488/1999 ha previsto l'aliquota Iva ridotta al 10% per i lavori di manutenzione ordinaria e straordinaria, purché siano eseguiti su **immobili a prevalente destinazione abitativa privata**.

L'agevolazione è stata prorogata per diverse volte, fino a diventare strutturale (legge finanziaria 2010).

Sulle **prestazioni di servizi** relativi a interventi di manutenzione ordinaria e straordinaria, realizzati su immobili residenziali, è **previsto il regime agevolato di Iva al 10%.**

Sulle **cessioni di beni**, invece, si applica **l'Iva al 10%** solo se:

- la relativa fornitura è attuata nell'ambito del contratto di appalto
- nei limiti previsti per i beni significativi

In sostanza, in caso di manutenzione (ordinaria o straordinaria), l'Iva agevolata si applica anche ai beni, ma solo se questi sono **forniti dall'installatore** e non acquistati dal committente.

Ad esempio, nel caso di lavori di installazione di un nuovo impianto di riscaldamento, se la caldaia è fornita direttamente dall'impresa che realizza i lavori, è possibile usufruire dell'Iva al 10% (nei limiti dei beni significativi), anche per la fornitura stessa della caldaia.

Se la caldaia è acquistata direttamente dal committente, l'Iva da corrispondere è pari al 22%.

La manodopera (e le materie prime e i semilavorati) godono sempre dell'Iva agevolata al 10%.

Definizione di beni significativi

I beni significativi sono beni compiutamente individuati dalla normativa vigente, per i quali la norma stessa assume che il loro valore abbia una certa rilevanza rispetto a quello delle forniture effettuate nell'ambito delle prestazioni agevolate.

Dunque, i beni significativi sono quelli che rappresentano una parte significativa del valore complessivo della prestazione complessiva.

Il decreto del DM del Ministero delle Finanze del 29 dicembre 1999 definisce i seguenti beni come beni significativi:

- ascensori e montacarichi
- infissi esterni ed interni
- caldaie
- video citofoni
- apparecchiature di condizionamento e riciclo dell'aria
- sanitari e rubinetterie da bagno
- impianti di sicurezza

Sono classificabili come "beni significativi" anche quelli che hanno la medesima funzionalità di quelli espressamente menzionati nell'elenco citato, ma che per motivi vari sono chiamati diversamente.

A titolo esemplificativo, la stufa a pellet utilizzata per riscaldare l'acqua per alimentare il sistema di riscaldamento e per produrre acqua sanitaria deve essere assimilata alla caldaia (bene significativo); diversamente, la stufa a pellet utilizzata soltanto per il riscaldamento dell'ambiente non può essere assimilata alla caldaia.

Possiamo riassumere dicendo che il valore da assoggettare a Iva al 10% va individuato sottraendo dall'importo complessivo della prestazione il valore dei beni significativi.

La differenza che ne risulta costituisce il limite di valore entro cui anche alla fornitura del bene significativo è applicabile l'aliquota del 10%.

Il valore residuo del bene deve essere, invece, assoggettato all'aliquota ordinaria del 22%.

Ovviamente, se il valore di un bene non eccede la metà di quello della prestazione complessivamente considerata, è soggetto interamente all'aliquota Iva 10%.

7. Prestazioni professionali

7.1. Il problema del corrispettivo

L'allegato A del **Decreto Requisiti Ecobonus**[77], alla lettera c) del punto 13 "Limiti delle agevolazioni", recita:

*"c) sono ammessi alla detrazione di cui all'articolo 1, comma 1, gli oneri per le prestazioni professionali connesse alla realizzazione degli interventi, per la redazione dell'attestato di prestazione energetica APE, nonché per l'asseverazione di cui al presente allegato, secondo i valori massimi di cui al **decreto del Ministro della giustizia 17 giugno 2016** recante approvazione delle tabelle dei corrispettivi commisurati al livello qualitativo delle prestazioni di progettazione adottato ai sensi dell'articolo 24, comma 8, del decreto legislativo n. 50 del 2016."*

La normativa di riferimento indicata per la determinazione dei massimali dei corrispettivi è quindi quella utilizzata per le opere pubbliche, mentre le prestazioni professionali del Superbonus si riferiscono al mercato privato.

Si rende quindi necessaria una attenta analisi della normativa su indicata, al fine di individuare, anche per analogia, le prestazioni professionali che accompagnano l'iter del Superbonus tra quelle previste dal D.M. 17/06/2016, con lo scopo di arrivare alla definizione di un corrispettivo corretto e congruo.

Questa analisi è stata effettuata in maniera approfondita dal Consiglio Nazionale degli Ingegneri che ha pubblicato il

---

[77] Decreto del Ministero dello Sviluppo Economico del 6 agosto 2020, previsto dalla Legge 17 luglio 2020 n. 77, *"Requisiti tecnici per l'accesso alle detrazioni fiscali per la riqualificazione energetica degli edifici"*.

documento **"Linee guida Superbonus determinazione corrispettivo"** da cui è tratto il contenuto del presente capitolo.

Il primo problema che ci si trova a dover risolvere deriva dal fatto che nel Superbonus, per motivi tecnici, sono state introdotte due tipologie di prestazioni nuove, non presenti nella norma di riferimento:

- *"l'attestato di prestazione energetica (A.P.E.) prima e dopo l'intervento"*

- *"l'asseverazione del rispetto dei requisiti e della corrispondente congruità delle spese"*

Queste prestazioni professionali andranno individuate in qualche modo tra quelle previste nelle tabelle dei corrispettivi presenti nella normativa di riferimento.

Il professionista inoltre dovrà valutare di volta in volta quali siano i progetti e le altre spese professionali connesse, richieste dal tipo di lavori da eseguire.

Ricordiamo infine che il D.M. 17/06/2016 fornisce un limite massimo di spesa ammissibile per le prestazioni professionali connesse al Superbonus, e non è quindi un tariffario e tantomeno un limite minimo da tenere in considerazione.

Per una definizione coerente dei corrispettivi è opportuno dividere l'excursus del Superbonus in tre **fasi**:

- Verifica dell'Esistente sia ai fini Energetici che Sismici

- Progettazione e Direzione Lavori di Efficientamento Energetico e Miglioramento Sismico

- Verifica Finale sia ai fini Energetici che Sismici

Nella prima fase, detta di **prefattibilità**, il cliente ha necessità di sapere se esistono i requisiti per poter accedere all'agevolazione. Se l'attività del professionista incaricato dovesse rilevare la mancanza di tali requisiti, il cliente non avrebbe diritto all'incentivo e le spese di questa analisi iniziale sarebbero a suo carico. È quindi opportuno analizzare bene questa fase, per non gravare troppo sul cliente in caso di insuccesso.

Nel caso in cui lo studio di prefattibilità dia esito positivo e sia quindi possibile usufruire delle detrazioni e il committente decida di procedere a conferire l'incarico al medesimo professionista, il corrispettivo concordato sarà da considerarsi come una anticipazione del corrispettivo dovuto per le prestazioni professionali connesse alla realizzazione dell'intervento.

Per quanto riguarda le **asseverazioni** previste dal Superbonus si distinguono due casi:

- Asseverazione svolta dallo stesso Direttore dei Lavori in continuità con l'incarico in corso

- Asseverazione effettuata da persona terza ed estranea all'esecuzione dei lavori

Queste due prestazioni si possono rispettivamente associare alle seguenti tipologie prestazionali, previste dalla normativa di riferimento citata:

- QcI.11 (certificato di regolare esecuzione)
- QdI.01 (collaudo tecnico amministrativo)

7.2. Determinazione pratica del corrispettivo per Superbonus

La normativa di riferimento[78] fornisce un metodo per il calcolo del corrispettivo, allegando in due tabelle (chiamate tabella Z1 e tabella Z2), tutti i parametri necessari al calcolo.

La normativa citata, all'**art.1** punto 2 recita:

"Il corrispettivo è costituito dal compenso e dalle spese ed oneri accessori."

All'**art.2** - "Parametri generali per la determinazione del compenso" si definiscono i parametri in gioco:

"Per la determinazione del compenso si applicano i seguenti parametri:

- *parametro «V», dato dal costo delle singole categorie componenti l'opera;*

- *parametro «G», relativo alla complessità della prestazione;*

---

[78] Decreto del Ministro della giustizia 17 giugno 2016 recante approvazione delle tabelle dei corrispettivi commisurati al livello qualitativo delle prestazioni di progettazione adottato ai sensi dell'articolo 24, comma 8, del decreto legislativo n. 50 del 2016.

- *parametro «Q», relativo alla specificità della prestazione;*

- *parametro base «P», che si applica al costo economico delle singole categorie componenti l'opera."*

Il parametro **V** è il **Valore delle Opere**. Ci si può riferire a:

- **opere esistenti:** valore dell'edificio o degli impianti nello stato di fatto ante intervento;

- **opere nuove:** valore degli interventi progettati per il Superbonus;

- **opere esistenti + nuove:** è il valore globale dell'edificio dopo gli interventi del Superbonus.

Si farà riferimento all'uno o all'altro valore a seconda delle prestazioni contenute nelle tre fasi sopra richiamate (analisi pre, progettazione/direzione lavori e analisi post).

Il parametro **G** si ricaverà dalla tabella Z1 come indicato in seguito.

Il parametro **Q** si ricaverà dalla tabella Z2 come indicato in seguito.

Il parametro base **P**, applicato al costo V delle singole categorie, è dato dall'espressione: $\mathbf{P = 0,03 + 10/V^{0,4}}$ [79]

Con riferimento ai parametri sopra definiti, il compenso CP sarà dato dalla formula seguente:

---

[79] Per importi delle singole categorie componenti l'opera inferiori a € 25.000 il parametro "P" non può superare il valore del parametro "P" corrispondente a tale importo, quindi è pari a 0,204110.

$$\boxed{CP = \Sigma(V \times G \times Q \times P)} \qquad (1)$$

dove la sommatoria è estesa a tutte le prestazioni professionali previste per il caso in esame.

La **tabella Z1** allegata al decreto in oggetto, definisce le **macro categorie** delle opere, suddivise eventualmente in varie **destinazioni funzionali** all'interno delle quali si effettua l'**identificazione delle opere** con il relativo **grado di complessità G**.

Con riferimento alla tabella Z1 in ambito Superbonus, considerando la tipologia di interventi previsti ed ammessi, risultano essere di interesse la macro categorie **Edilizia** ed **Impianti.**

Per la categoria Edilizia, come destinazione funzionale sceglieremo **Edifici e manufatti esistenti** in quanto il Superbonus è valido per la ristrutturazione di edifici già esistenti (non nuovi). Nell'ambito di tale destinazione funzionale avremo tre possibili identificazioni dell'opera:

- **E20** - Interventi di manutenzione straordinaria, ristrutturazione, riqualificazione, su edifici e manufatti esistenti [**grado di complessità G = 0,95**]

- **E21** - Interventi di manutenzione straordinaria, restauro, ristrutturazione, riqualificazione, su edifici e manufatti di interesse storico artistico non soggetti a tutela ai sensi del D.Lgs 42/2004 [**grado di complessità G = 1,20**]

- **E22** - Interventi di manutenzione, restauro, risanamento conservativo, riqualificazione, su edifici e manufatti di interesse storico artistico soggetti a tutela ai sensi del D.Lgs 42/2004, oppure di particolare importanza [**grado di complessità G = 1,55**]

Per la categoria Impianti, come destinazione funzionale, nel caso l'intervento di efficientamento si riferisca al rifacimento dell'impianto di climatizzazione, sceglieremo **Impianti meccanici a fluido a servizio delle costruzioni** e come identificazione delle opere:

- **IA.02** - Impianti di riscaldamento - Impianto di raffrescamento, climatizzazione, trattamento dell'aria - Impianti meccanici di distribuzione e fluidi - Impianto solare termico [**grado di complessità G = 0,85**]

Nel caso dell'installazione di impianti di domotica o impianti fotovoltaici come destinazione funzionale sceglieremo **Impianti elettrici e speciali a servizio delle costruzioni – Singole** e come identificazione delle opere:

- **IA.03** - Impianti elettrici in genere, impianti di illuminazione, telefonici, di rivelazione incendi, fotovoltaici, a corredo di edifici e costruzioni di importanza corrente [**grado di complessità G = 1,15**]

Le tabelle seguenti riassumono le possibili scelte di interesse nel caso del Superbonus:

ID	Descrizione dell'intervento	Grado di complessità (G)
E.20	Interventi di manutenzione straordinarie, ristrutturazione, riqualificazione, su edifici e manufatti esistenti [*edifici di tipo corrente*]	0,95
E.21	Interventi di manutenzione straordinaria, restauro, ristrutturazione, riqualificazione, su edifici e manufatti di interesse storico artistico non soggetti a tutela ai sensi del D.Lgs. 42/04 [*edifici vincolati*]	1,20
E.22	Interventi di manutenzione, restauro, risanamento conservativo, riqualificazione,	1,55

ID	Descrizione dell'intervento	Grado di complessità (G)
	su edifici e manufatti di interesse storico artistico soggetti a tutela ai sensi del D.Lgs. 42/04 o di particolare importanza. [*edifici vincolati soggetti a restauro*]	

ID	Descrizione dell'intervento	Grado di complessità (G)
IA.02	Impianti di riscaldamento – Impianto di raffrescamento, climatizzazione, trattamento dell'aria – Impianti meccanici di distribuzione e fluidi – Impianto solare termico	0,85

ID	Descrizione dell'intervento	Grado di complessità (G)
IA.03	Impianti elettrici in genere, impianti di illuminazione, telefonici, di rivelazione incendi, fotovoltaici, a corredo di edifici e costruzioni di importanza corrente	1,15

Le **aliquote prestazionali Q** andranno individuate nella **tabella Z2** allegata al D.M. 17/06/2016. Tale tabella contiene le varie tipologie di prestazioni che un professionista può fornire.

Ricordando le tre fasi del paragrafo 7.1 in cui risulta suddivisa l'attività del Superbonus, è opportuno considerare le seguenti possibili prestazioni:

- **APE PRE** (come valore V si considera quello delle opere edili ed impianti meccanici esistenti):

Codice	Descrizione singole prestazioni

Qdl.05	Attestato di prestazione energetica esclusa diagnosi energetica[80]

- **Progettazione e direzione dei lavori** (come valore V si considera quello delle opere edili ed impianti meccanici ed elettrici di progetto, cioè introdotti con il Superbonus):

  o **Progettazione preliminare**

Codice	Descrizione singole prestazioni
Qbl.01	Relazioni, planimetrie, elaborati grafici
Qbl.02	Calcolo sommario spesa, quadro economico di progetto
Qbl.11	Relazione geologica[81]
Qbl.16	Prime indicazioni e prescrizioni per la stesura dei Piani di Sicurezza

  o **Progettazione definitiva**

Codice	Descrizione singole prestazioni
Qbll.01	Relazioni generale e tecniche. Elaborati grafici Calcolo delle strutture e degli impianti, eventuali. Relazione sulla risoluzione delle interferenze e Relazione sulla gestione materiale
Qbll.03	Disciplinare descrittivo e prestazionale
Qbll.05	Elenco prezzi unitari ed eventuale analisi. Computo metrico estimativo. Quadro economico
Qbll.13	Relazione geologica[82]
Qbll.21	Relazione energetica[83]
Qbll.23	Aggiornamento delle prime indicazioni e prescrizioni per la redazione del PSC

  o **Progettazione esecutiva**

---

[80] Esclusi i rilievi geometrici e materici ed escluse indagini.
[81] Da considerare in presenza di pompe di calore geotermiche.
[82] Da considerare in presenza di pompe di calore geotermiche.
[83] Ex legge 10/91.

Codice	Descrizione singole prestazioni
QbIII.01	Relazioni generale e specialistiche. Elaborati grafici. Calcoli esecutivi
QbIII.02	Particolari costruttivi e decorativi
QbIII.03	Computo metrico estimativo. Quadro economico. Elenco prezzi ed eventuale analisi. Quadro dell'incidenza percentuale della quantità di manodopera
QbIII.04	Schema di contratto, capitolato speciale d'appalto, cronoprogramma
QbIII.05	Piano di manutenzione dell'opera
QbIII.07	Piano di sicurezza e coordinamento

o **Direzione lavori**

Codice	Descrizione singole prestazioni
QcI.01	Direzione lavori, assistenza al collaudo, prove di accettazione
QcI.02	Liquidazione. Rendicontazione e liquidazione tecnico contabile
QcI.09	Contabilità dei lavori a misura
QcI.11	Certificato di regolare esecuzione[84]
QcI.12	Coordinamento della sicurezza in esecuzione

- **APE POST** (come valore V si considera quello delle opere edili e degli impianti meccanici ed elettrici esistenti e nuovi e lo si riduce del 50% per tenere conto dell'APE PRE)

Codice	Descrizione singole prestazioni
QdI.05	Attestato di certificazione energetica

---

[84] Va riconosciuto quando il direttore dei lavori fa l'asseverazione.

- Nel caso in cui l'asseveratore **non** coincida con il Direttore dei Lavori, al posto della voce Qcl.11 "Certificato di regolare esecuzione", avremo la seguente:

Codice	Descrizione singole prestazioni
Qdl.01	Collaudo tecnico amministrativo

Responsabile dei lavori

Questa prestazione non è individuabile direttamente nella tabella Z2. Utilizzando il metodo indicato nella guida di riferimento[85] si arriva al seguente risultato:

Valore: quello delle opere di progetto

Relativamente alle aliquote della Tabella Z2:

Codice	Descrizione singole prestazioni	Aliquota Per Tutte Le Categorie
R1	Responsabile dei Lavori	0,05

7.3. Un esempio numerico relativo ad un edificio unifamiliare

Si supponga di voler ristrutturare un edificio unifamiliare di valore stimato pari a 200.000 euro. Si faccia l'ipotesi (per esempio dopo aver analizzato il prezziario DEI delle tipologie edilizie), che il valore associabile all'impianto di riscaldamento sia il 6% del valore totale.

---

[85] **"Linee guida determinazione corrispettivo Superbonus"**, Circ. CNI n.705 /XIX Sess/2021 del Consiglio Nazionale degli Ingegneri

Si supponga di voler eseguire i seguenti interventi migliorativi:

- edilizia (cappotto + sostituzione infissi) al costo di 18.000 €

- sostituzione impianto termico di riscaldamento al costo di 8.000 €

- installazione impianto fotovoltaico al costo di 3.500 €

Calcoli

Categorie d'opera:

Edilizia -> Edifici di tipo corrente ->Id Opere E.20 **G = 0,95**

Impianti -> Impianti termici -> Id Opere IA02 **G = 0,85**

Impianti -> Impianti elettrici -> Id Opere IA03 **G = 1,15**

Valori delle opere:

Valori V delle opere esistenti: V_{E20} = 188.000, € V_{IA02} = 12.000 €

Valori V progettazione: V_{E20} = 18.000, € V_{IA02} = 8.000 €, V_{IA03} = 3.500 €

Valori V APE post: V_{E20} = 188.000 + 18.000 = 206.000 €

V_{IA02} = 12.000 + 8.000 = 20.000 €

V_{IA03} = 0 + 3.500 = 3.500 €

Fissati questi valori possiamo procedere al calcolo:

Corrispettivo APE PRE: applicando la formula (1) otteniamo:

$CP = \Sigma(V \times G \times Q \times P) =$

188.000*0,95*0,03*0,107685 + 12.000*0,85*0,03*0,204110 =

576,98 + 62,46 = 639,38 €

A questo compenso vanno aggiunti le **spese e gli oneri accessori** forfettari che si possono fissare al massimo pari al 25% del compenso.

Il corrispettivo finale risulta quindi pari a:

639,43 + 159,86 = **799,29 €**

Corrispettivo APE POST: applicando la formula (1) otteniamo:

CP = Σ(V×G×Q×P) =

206.000*0,95*0,03*0,104895 + 20.000*0,85*0,03*0,204110 + 3.500*1,15*0,03*0,204110 =

615,84 + 104,10 + 24,65 = 744,58 €

Aggiungendo il 25% di spese ed oneri forfettari otteniamo 930,74 € che vanno diminuiti del 50% per tenere conto dell'APE PRE, ottenendo un importo pari a **465,36 €.**

I risultati precedenti possono essere rappresentati per comodità in una tabella. Useremo questa tecnica direttamente nei corrispettivi successivi, che risultano più complessi. Notiamo che la formula (1) limitatamente ad una singola categoria si può scrivere nella forma CP = V×G×P× ΣQ in quanto V, G e P risultano costanti. Questo fatto permette di redigere tabelle sintetiche come quelle che riportiamo sotto.

d.I) VERIFICHE E COLLAUDI - APE PRE (Valore dell'esistente)

CATEGORIE D'OPERA	COSTI Singole Categorie V	Parametri Base P	Gradi di Complessità G	Codici prestazioni associate	Somme Aliquote Prestazioni ΣQ_i	Compensi CP = VxPxGxΣQi	Spese ed Oneri accessori K = 25% S = CPxK	Corrispettivi CP + S
EDILIZIA E.20	188000	0,107685	0,95	Qdl.05	0,0300	576,98	144,24	721,22
IMPIANTI IA.02	12000	0,204110	0,85	Qdl.05	0,0300	62,46	15,61	78,07
								799,29

d.I) VERIFICHE E COLLAUDI - APE POST (Valore dell'esistente + nuove opere)

CATEGORIE D'OPERA	COSTI Singole Categorie V	Parametri Base P	Gradi di Complessità G	Codici prestazioni associate	Somme Aliquote Prestazioni ΣQ_i	Compensi $CP = V \times P \times G \times \Sigma Qi$	Spese ed Oneri accessori $K = 25\%$ $S = CP \times K$	Corrispettivi CP + S
EDILIZIA E.20	206000	0,104895	0,95	QdI.05	0,0300	615,84	153,96	769,80
IMPIANTI IA.02	20000	0,204110	0,85	QdI.05	0,0300	104,10	26,02	130,12
IMPIANTI IA.03	3500	0,204110	1,15	QdI.05	0,0300	24,65	6,16	30,81
								930,73
							50%	**465,36**

Corrispettivo per Progettazione, Direzione lavori e Asseverazione
La procedura anche in questo caso è la stessa anche se la molteplicità delle prestazioni professionali in gioco (viste nel paragrafo 7.2) complica notevolmente il calcolo.

Prevediamo le seguenti fasi prestazionali:

b.I) Progettazione Preliminare
b.II) Progettazione Definitiva
b.III) Progettazione Esecutiva
c.I) Direzione dei lavori

Utilizzando l'elenco di prestazioni indicato nel paragrafo 7.2 si ottengono le seguenti tabelle implementabili in Excel:

b.I) PROGETTAZIONE PRELIMINARE (Valori delle Opere nuove)

CATEGORIE D'OPERA	COSTI Singole Categorie V	Parametri Base P	Gradi di Complessità G	Codici prestazioni associate	Somme Aliquote Prestazioni ΣQ_i	Compensi $CP = V \times P \times G \times \Sigma Q_i$	Spese ed Oneri accessori $K = 25\%$ $S = CP \times K$	Corrispettivi $CP + S$
EDILIZIA E.20	18000	0,204110	0,95	Qbl.01, Qbl.02, Qbl.16	0,1100	383,93	95,98	479,91
IMPIANTI IA.02	8000	0,204110	0,85	Qbl.01, Qbl.02, Qbl.16	0,1100	152,67	38,17	190,84
IMPIANTI IA.03	3500	0,204110	1,15	Qbl.01, Qbl.02, Qbl.16	0,1100	90,37	22,59	112,96
								783,72

211

b.II) PROGETTAZIONE DEFINITIVA (Valori delle Opere nuove)

CATEGORIE D'OPERA	COSTI Singole Categorie V	Parametri Base P	Gradi di Complessità G	Codici prestazioni associate	Somme Aliquote Prestazioni ΣQ_i	Compensi CP = V×P×G×ΣQ_i	Spese ed Oneri accessori K = 25% S = CP×K	Corrispettivi CP + S
EDILIZIA E.20	18000	0,204110	0,95	QbII.01, QbII.03, QbII.05, QbII.21, QbII.23	0,3500	1221,60	305,40	1527,00
IMPIANTI IA.02	8000	0,204110	0,85	QbII.01, QbII.03, QbII.05, QbII.21, QbII.23	0,2800	388,63	97,16	485,78
IMPIANTI IA.03	3500	0,204110	1,15	QbII.01, QbII.03, QbII.05, QbII.21, QbII.23	0,2800	230,03	57,51	287,54
								2300,32

b.III) PROGETTAZIONE ESECUTIVA (Valori delle Opere nuove)

CATEGORIE D'OPERA	COSTI Singole Categorie V	Parametri Base P	Gradi di Complessità G	Codici prestazioni associate	Somme Aliquote Prestazioni ΣQ_i	Compensi CP = V×P×G×ΣQ_i	Spese ed Oneri accessori K = 25% S = CP×K	Corrispettivi CP + S
EDILIZIA E.20	18000	0,204110	0,95	QbIII.01, QbIII.02, QbIII.03, QbIII.04, QbIII.05, QbIII.07	0,3800	1326,31	331,58	1657,88
IMPIANTI IA.02	8000	0,204110	0,85	QbIII.01, QbIII.02, QbIII.03, QbIII.04, QbIII.05, QbIII.07	0,4000	555,18	138,79	693,97
IMPIANTI IA.03	3500	0,204110	1,15	QbIII.01, QbIII.02, QbIII.03, QbIII.04, QbIII.05, QbIII.07	0,4000	328,62	82,15	410,77
								2762,63

213

c.I) DIREZIONE DEI LAVORI (Valori delle Opere nuove)

CATEGORIE D'OPERA	COSTI Singole Categorie V	Parametri Base P	Gradi di Complessità G	Codici prestazioni associate	Somme Aliquote Prestazioni ΣQ_i	Compensi $CP = V \times P \times G \times \Sigma Q_i$	Spese ed Oneri accessori $K = 25\%$ $S = CP \times K$	Corrispettivi $CP + S$
EDILIZIA E.20	18000	0,204110	0,95	Qcl.01, Qcl.02, Qcl.09, Qcl.11, Qcl.12	0,7000	2443,20	610,80	3054,00
IMPIANTI IA.02	8000	0,204110	0,85	Qcl.01, Qcl.02, Qcl.09, Qcl.11, Qcl.12	0,6850	950,74	237,69	1188,43
IMPIANTI IA.03	3500	0,204110	1,15	Qcl.01, Qcl.02, Qcl.09, Qcl.11, Qcl.12	0,6850	562,76	140,69	703,45
								4945,87

Riassumendo, i corrispettivi ottenuti sono i seguenti:

Corrispettivo APE PRE:	**799,29 €**
Corrispettivo APE POST:	**465,36 €**
Corrispettivo Progettazione Preliminare:	**783,72 €**
Corrispettivo Progettazione Definitiva:	**2300,32 €**
Corrispettivo Progettazione Esecutiva:	**2762,63 €**
Corrispettivo Direzione Lavori:	**4945,87 €**
Corrispettivo totale:	**12.057,19 €**

7.4.   Il corrispettivo dello studio di prefattibilità

Abbiamo visto nel capitolo 1, al paragrafo 1.3, che lo studio di prefattibilità è da considerarsi come una prestazione speciale nel senso che non rientra tra i massimali ammissibili all'agevolazione poiché nel caso dovessero mancare i requisiti di accesso al Superbonus, il committente dovrebbe corrisponderlo di persona al professionista che ha effettuato l'analisi.

È quindi opportuno analizzarlo e quantificarlo a parte.

Abbiamo visto che esso consta di tre tipi di attività che qui riportiamo:

- Verifica della regolarità edilizia e urbanistica

- Diagnosi energetica dell'edificio per la stima della classe energetica di partenza

- Individuazione di massima delle opere atte a garantire il miglioramento energetico previsto dal Superbonus, cioè il salto di due classi energetiche

Tra le prestazioni offerte dalla tabella Z2 di cui alla normativa di riferimento[86] sembra opportuno scegliere le seguenti:

- QbII.22 (Diagnosi energetica degli edifici esistenti) usando come valore quello delle opere edilizie e impiantistiche esistenti;

- QbI.01 (Relazioni, planimetrie, elaborati grafici) e QbI.02 (Calcolo sommario spesa, quadro economico di progetto) del progetto preliminare, usando come valore una stima di massima delle opere necessarie a garantire il salto delle due classi energetiche[87].

Riprendendo l'esempio numerico del paragrafo precedente, otteniamo le seguenti tabelle di calcolo:

[86] Decreto del Ministro della giustizia 17 giugno 2016 recante approvazione delle tabelle dei corrispettivi commisurati al livello qualitativo delle prestazioni di progettazione adottato ai sensi dell'articolo 24, comma 8, del decreto legislativo n. 50 del 2016.
[87] Per il calcolo dell'esistente si può fare riferimento al costo di costruzione parametrizzato desunto dal prezziario DEI Prezzi delle Tipologie Edilizie mentre come valori di massima delle opere di progetto si possono usare i limiti previsti per il Superbonus.

b.II) PROGETTAZIONE DEFINITIVA - DIAGNOSI ENERGETICA PREFATTIBILITA' (Valore dell'esistente)

CATEGORIE D'OPERA	COSTI Singole Categorie V	Parametri Base P	Gradi di Complessità G	Codici prestazioni associate	Somme Aliquote Prestazioni ΣQ_i	Compensi CP = V×P×G×ΣQ_i	Spese ed Oneri accessori K = 25% S = CP×K	Corrispettivi CP + S
EDILIZIA E.20	188000	0,107685	0,95	Qbll.22	0,0200	384,65	96,16	480,81
IMPIANTI IA.02	12000	0,204110	0,85	Qbll.22	0,0200	41,64	10,41	52,05
								532,86

b.11) PROGETTAZIONE PRELIMINARE - CALCOLO SOMMARIO SPESA (Valore delle Opere nuove)

CATEGORIE D'OPERA	COSTI Singole Categorie V	Parametri Base P	Gradi di Complessità G	Codici prestazioni associate	Somme Aliquote Prestazioni ΣQ_i	Compensi $CP = V \times G \times \Sigma Q_i$	Spese ed Oneri accessori $K = 25\%$ $S = CP \times K$	Corrispettivi $CP + S$
EDILIZIA E.20	18000	0,204110	0,95	Qbl.01, Qbl.02	0,1000	349,03	87,26	436,29
IMPIANTI IA.02	8000	0,204110	0,85	Qbl.01, Qbl.02	0,1000	138,79	34,70	173,49
IMPIANTI IA.03	3500	0,204110	1,15	Qbl.01, Qbl.02	0,1000	82,15	20,54	102,69
								712,47

Quindi il corrispettivo totale per lo studio di prefattibilità risulta pari a 532,86 + 712,47 = **1245,33 €**.

8. Quali requisiti tecnici devono essere rispettati dagli interventi?

Il Decreto Requisiti Ecobonus definisce i requisiti tecnici che devono essere soddisfatti dagli interventi che danno diritto alla detrazione delle spese sostenute per interventi di efficienza energetica del patrimonio edilizio esistente.

L'articolo 8 del Decreto Requisiti Ecobonus, stabilisce infatti che, al fine di accedere alle detrazioni, gli interventi effettuati devono essere asseverati da un tecnico abilitato, che attesti la rispondenza dell'intervento ai pertinenti requisiti richiesti nei casi e nelle modalità previste dal decreto stesso, e in particolare secondo quanto riportato all'allegato A del Decreto stesso.

Elenchiamo di seguito i requisiti richiesti per gli interventi previsti, come indicato nell'allegato A.

8.1. Interventi sull'involucro di edifici esistenti

Come si vedrà in seguito, i valori di trasmittanza massimi consentiti per l'involucro degli edifici esistenti sono funzione della zona climatica in cui si trova l'edificio.

Per conoscere in quale zona climatica è ubicato l'edificio oggetto di studio si faccia riferimento alla seguente tabella[88]:

---

[88] D.P.R. n. 412 del 26 agosto 1993.

Zona	Città di riferimento
A	Lampedusa, Linosa, Porto Empedocle
B	Agrigento, Catania, Crotone, Messina, Palermo, Reggio Calabria, Siracusa, Trapani
C	Bari, Benevento, Brindisi, Cagliari, Caserta, Catanzaro, Cosenza, Imperia, Latina, Lecce, Napoli, Oristano, Ragusa, Salerno, Sassari, Taranto
D	Ancona, Ascoli Piceno, Avellino, Caltanissetta, Chieti, Firenze, Foggia, Forlì, Genova, Grosseto, Isernia, La Spezia, Livorno, Lucca, Macerata, Massa, Carrara, Matera, Nuoro, Pesaro, Pesaro, Pescara, Pisa, Pistoia, Prato, Roma, Savona, Siena, Teramo, Terni, Verona, Vibo Valentia, Viterbo
E	Alessandria, Aosta, Arezzo, Asti, Bergamo, Biella, Bologna, Bolzano, Brescia, Campobasso, Como, Cremona, Enna, Ferrara, Cesena, Frosinone, Gorizia, L'Aquila, Lecco, Lodi, Mantova, Milano, Modena, Novara, Padova, Parma, Pavia, Perugia, Piacenza, Pordenone, Potenza, Ravenna, Reggio Emilia, Rieti, Rimini, Rovigo, Sondrio, Torino, Trento, Treviso, Trieste, Udine, Varese, Venezia, Verbania, Vercelli, Vicenza
F	Belluno, Cuneo

8.1.1. Strutture opache

Per le strutture opache verticali e/o le strutture opache orizzontali o inclinate (coperture e pavimenti), delimitanti il volume riscaldato verso l'esterno, verso vani non riscaldati e contro terra[89], i **valori delle trasmittanze** delle strutture su

---

[89] Si ribadisce il concetto che la parete deve dividere una zona riscaldata da una non riscaldata. Ad esempio, la parete verso l'esterno di un vano

cui si interviene nella situazione ante (valore medio anche stimato) e post intervento (valori certificati o calcolati) devono risultare rispettivamente maggiori e minori o uguali ai valori riportati nella **tabella 1 dell'allegato E** al Decreto Requisiti Ecobonus.

Nel caso di **condomini**, l'intervento deve riguardare le parti comuni dell'edificio e deve avere un'incidenza superiore al 25% della superficie disperdente lorda dell'edificio.

Nel caso di **edifici singoli**, o di unità immobiliare situata all'interno di edifici plurifamiliari che sia funzionalmente indipendente e disponga di uno o più accessi autonomi dall'esterno, l'intervento deve incidere su almeno il 25% della superficie disperdente lorda dell'edificio medesimo.

L'intervento, unitamente agli altri interventi trainati e trainanti congiuntamente eseguiti, deve determinare **l'incremento di due classi energetiche** con riferimento all'attestato di prestazione energetica (A.P.E.).

Si riportano di seguito i valori di trasmittanza massimi consentiti per le strutture opache.

Tipologia di intervento	Valori di trasmittanza massimi consentiti	
	Zona climatica A	≤ 0,27 W/mqK

scale non riscaldato NON rientra nell'agevolazione in quanto divide due zone non riscaldate.

Struttura	Zona	Valore
Strutture opache orizzontali: isolamento coperture	Zona climatica B	≤ 0,27 W/mqK
	Zona climatica C	≤ 0,27 W/mqK
	Zona climatica D	≤ 0,22 W/mqK
	Zona climatica E	≤ 0,20 W/mqK
	Zona climatica F	≤ 0,19 W/mqK
Strutture opache orizzontali: isolamento pavimenti	Zona climatica A	≤ 0,40 W/mqK
	Zona climatica B	≤ 0,40 W/mqK
	Zona climatica C	≤ 0,30 W/mqK
	Zona climatica D	≤ 0,28 W/mqK
	Zona climatica E	≤ 0,25 W/mqK
	Zona climatica F	≤ 0,23 W/mqK
Strutture opache verticali: isolamento pareti perimetrali	Zona climatica A	≤ 0,38 W/mqK
	Zona climatica B	≤ 0,38 W/mqK
	Zona climatica C	≤ 0,30 W/mqK
	Zona climatica D	≤ 0,26 W/mqK
	Zona climatica E	≤ 0,23 W/mqK
	Zona climatica F	≤ 0,22 W/mqK

Si precisa che il calcolo della trasmittanza delle strutture opache ai fini Superbonus non include il contributo dei ponti termici.

N.B.: Gli interventi di dimensionamento del cappotto termico e del cordolo sismico non concorrono al conteggio della distanza e dell'altezza, in deroga alle distanze minime riportate all'articolo 873 del codice civile.

8.1.2. Finestre comprensive di infissi

La sostituzione di finestre comprensive di infissi delimitanti il volume riscaldato verso l'esterno e verso vani non riscaldati deve portare ad un valore delle trasmittanze delle strutture su cui si interviene nella situazione ante (valore medio anche stimato) e post intervento (valori certificati o calcolati) rispettivamente maggiori e minori o uguali ai valori riportati nella **tabella 1 dell'allegato E** al Decreto Requisiti Ecobonus.

Si riportano di seguito i valori di trasmittanza massimi consentiti per la sostituzione di finestre comprensive di infissi.

Tipologia di intervento	Valori di trasmittanza massimi consentiti	
Sostituzione di finestre comprensive di infissi	Zona climatica A	≤ 2,60 W/mqK
	Zona climatica B	≤ 2,60 W/mqK
	Zona climatica C	≤ 1,75 W/mqK
	Zona climatica D	≤ 1,67 W/mqK
	Zona climatica E	≤ 1,30 W/mqK
	Zona climatica F	≤ 1,00 W/mqK

8.1.3. Schermature solari

Le schermature solari[90], cioè i sistemi di schermatura e/o chiusure tecniche oscuranti mobili, devono essere montate in modo solidale all'involucro edilizio o ai suoi componenti.

Limitatamente alle sole schermature solari, queste devono essere installate esclusivamente sulle esposizioni da Est (E) a Ovest (O) passando per il Sud (S).

Inoltre, per i componenti finestrati con orientamento da Est a Ovest passando per Sud, la prestazione di schermatura solare installata deve avere il valore del **fattore di**

---

[90] Di cui all'allegato M del D.lgs. 311 del 2006.

trasmissione solare totale g_{tot} (serramento più schermatura) minore o uguale a 0,35.

In ogni caso, al fine della valutazione della prestazione delle chiusure oscuranti si può usare il valore della resistenza termica supplementare o addizionale valutata secondo la UNI EN 13125.

8.2. Interventi di installazione di pannelli solari

Per gli interventi di installazione di pannelli solari, l'accesso alle detrazioni è consentito a condizione che siano soddisfatti i requisiti indicati all'Allegato A, capitolo 3.

L'asseverazione deve specificare il rispetto dei seguenti requisiti:

a) i collettori solari sono in possesso della certificazione Salar Keymark;

b) in alternativa, per gli impianti solari termici prefabbricati del tipo factory made, la certificazione di cui al punto a) relativa al solo collettore può essere sostituita dalla certificazione Salar Keymark relativa al sistema;

c) i collettori solari hanno valori di producibilità specifica, espressa in termini di energia solare annua prodotta per unità di superficie lorda A_G, o di superficie degli specchi primari per i collettori lineari di Fresnel, calcolata a partire dal dato contenuto nella certificazione Salar Keymark (o equivalentemente nell'attestazione rilasciata da ENEA per i collettori a concentrazione) per una temperatura media di funzionamento di 50°C, superiore ai seguenti valori minimi:

    i.   nel caso di collettori piani: maggiore di 300 kWh_t/m^2 anno, con riferimento alla località Wtirzburg;

    ii.   nel caso di collettori sottovuoto e collettori a tubi evacuati: maggiore di 400 kWh_t/m^2 anno, con riferimento alla località Wtirzburg;

    iii.   nel caso di collettori a concentrazione: maggiore di 550 kWh_t/m^2 anno, con riferimento alla località Atene;

d) per gli impianti solari termici prefabbricati per i quali è applicabile solamente la UNI EN 12976, la producibilità specifica, in termini di energia solare annua prodotta QL per unità di superficie di apertura Aa, misurata secondo la norma UNI EN 12976-2 con riferimento al valore di carico giornaliero, fra quelli disponibili, più vicino, in valore assoluto, al volume netto nominale dell'accumulo del sistema solare prefabbricato, e riportata sull'apposito rapporto di prova (test report) redatto da un laboratorio accreditato, deve essere maggiore di 400 kWh_t/m^2 anno, con riferimento alla località Wtirzburg;

e) i collettori solari e i bollitori impiegati sono garantiti per almeno cinque anni;

f) gli accessori e i componenti elettrici ed elettronici sono garantiti almeno due anni;

g) l'installazione dell'impianto è stata eseguita in conformità ai manuali di installazione dei principali componenti;

h) per i collettori solari a concentrazione per i quali non è possibile l'ottenimento della certificazione Solar Keymark, la certificazione di cui al punto i è sostituita da un'approvazione tecnica rilasciata dall'ENEA;

i) nel caso di collettori solari dotati di protezione automatica dall'eccesso di radiazione solare, per i quali non è possibile l'ottenimento della certificazione Solar Keymark e la certificazione di cui al punto i è sostituita da un 'approvazione tecnica rilasciata dall'ENEA, i valori di producibilità specifica di cui alla lettera c) sono ridotti del 10 per cento;

j) **per gli impianti la cui superficie dei collettori solari è inferiore a 20 m² l'asseverazione può essere sostituita dalla dichiarazione del produttore** che attesti il rispetto delle condizioni tecniche sopra elencate con l'esclusione del punto g, per la quale si fa riferimento alla dichiarazione di conformità rilasciata dall'installatore ai sensi del D.M. 37/08.

8.3. Impianti di climatizzazione a condensazione

Per gli interventi di sostituzione di impianti di climatizzazione invernale con impianti dotati di caldaie a condensazione e/o generatori di aria calda a condensazione deve essere prodotta l'asseverazione redatta da un tecnico abilitato attestante i requisiti di seguito riportati.

Caldaia a condensazione: deve avere efficienza energetica stagionale per il riscaldamento d'ambiente η_s maggiore o uguale al 90% pari al valore minimo della classe A di prodotto[91].

Per le caldaie a condensazione di potenza superiore a 400 kW, il rendimento termico utile deve essere maggiore o uguale a 98,2%[92].

Tali requisiti possono essere comprovati tramite la scheda prodotto o caratteristiche tecniche facente parte delle informazioni rese dal fornitore ripotante il valore dell'efficienza energetica stagionale del riscaldamento d'ambiente η_s della caldaia[93].

I dispositivi evoluti di controllo della temperatura devono avere scheda prodotto che comprovi l'appartenenza alle classi V, VI o VIII [94].

Generatore di aria calda a condensazione: il rendimento termico utile riferito al potere calorifico inferiore a carico pari al 100% della potenza termica utile nominale deve essere maggiore o uguale a **93 + 2 log (Pn)**, dove log Pn è il logaritmo in base 10 della potenza utile nominale del singolo

---

[91] Prevista dal regolamento delegato (UE) n. 811/2013 della Commissione europea del 18 febbraio 2013.

[92] Misurato secondo le norme UNI EN 15502.

[93] Per le sole caldaie con potenza nominale superiore a 400 kW, il tecnico abilitato deve attestare che sono state installate caldaie a condensazione con rendimento termico utile riferito al potere calorifico inferiore a carico pari al 100% della potenza termica utile nominale maggiore o uguale a 93 + 2 log (Pn) (nelle condizioni 80/60 °C), dove log Pn è il logaritmo in base 10 della potenza utile nominale del singolo generatore, espressa in kW. posta pari a 400 kW.

[94] Comunicazione della Commissione 2014/C 207/02.

generatore, espressa in kW, e dove per valori di Pn maggiori di 400 kW si applica il limite massimo corrispondente a 400 kW.

Infine, se il generatore di calore ha una potenza termica utile maggiore di 100 kW, si deve asseverare che:

i.   il bruciatore utilizzato è di tipo modulante;

ii.   la regolazione climatica agisce direttamente sul bruciatore;

iii.   la pompa installata è di tipo elettronico a giri variabili (o sistemi assimilabili);

iv.   il sistema di distribuzione è stato messo a punto ed equilibrato in relazione alle portate.

8.4.   Impianti di climatizzazione dotati di pompe di calore ad alto rendimento anche con sistemi geotermici a bassa entalpia

Devono essere soddisfatti ed attestati i seguenti requisiti:

a) le pompe di calore installate devono avere un coefficiente di prestazione (COP/GUEh - e nel caso le pompe di calore siano reversibili, EER/GUEc) almeno pari ai pertinenti valori minimi, fissati nelle tabelle 1 e 2 dell'allegato F al Decreto Requisiti Ecobonus. Qualora siano installate pompe di calore elettriche dotate di variatore di velocità (inverter), i pertinenti valori di cui all'allegato F sono ridotti del 5%;

b) per impianti di potenza termica utile complessiva superiore a 100 kW dichiarata dal fornitore nelle condizioni di temperatura cui all'allegato F, il sistema di distribuzione deve essere messo a punto ed equilibrato in relazione alle portate.

L'**allegato F**, che riportiamo di seguito, mostra i requisiti che devono essere soddisfatti dalle varie tipologie di pompe di calore per poter accedere alle detrazioni.

Per le **pompe di calore elettriche**, il coefficiente di prestazione istantaneo (COP) deve essere almeno pari ai valori indicati nella seguente tabella, intitolata *"Coefficienti di prestazione minimi per pompe di calore elettriche"*.

Tipo di pompa di calore / Ambiente esterno/interno	Ambiente esterno [°C]	Ambiente interno [°C]	COP	EER
aria/aria	Bulbo secco all'entrata: 7 Bulbo umido all'entrata: 6	Bulbo secco all'entrata: 20 Bulbo umido all'entrata: 15	3,9[95]	3,4
aria/acqua potenza termica utile riscaldamento ≤ 35 kW	Bulbo secco all'entrata: 7 Bulbo umido all'entrata: 6	Temperatura entrata: 30 Temperatura uscita: 35	4,1	3,8
aria/acqua potenza termica utile riscaldamento > 35 kW	Bulbo secco all'entrata: 7 Bulbo umido all'entrata: 6	Temperatura entrata: 30 Temperatura uscita: 35	3,8	3,5
salamoia/aria	Temperatura entrata: 0	Bulbo secco all'entrata: 20 Bulbo umido all'entrata: 15	4,3	4,4

---

[95] Per i soli sistemi di tipo rooftop il COP minimo è pari a 3,2.

salamoia/ acqua	Temperatura entrata: 0	Temperatura entrata: 30 Temperatura uscita: 35	4,3	4,4
acqua/aria	Temperatura entrata: 10 Temperatura uscita: 7	Bulbo secco all'entrata: 20 Bulbo umido entrata: 15	4,7	4,4
acqua/acqua	Temperatura entrata: 10	Temperatura entrata: 30 Temperatura uscita: 35	5, 1	5,1

Per le **pompe di calore a gas** il coefficiente di prestazione (GUE) deve essere almeno pari ai valori indicati nella seguente tabella, intitolata *"Coefficienti di prestazione minimi per pompe di calore a gas"*.

Tipo di pompa di calore Ambiente esterno/interno	Ambiente esterno [°C]	Ambiente interno [°C]	GUEh
aria/aria	Bulbo secco all'entrata: 7 Bulbo umido all'entrata: 6	Bulbo secco all'entrata: 20	1,46[96]
aria/acqua	Bulbo secco all'entrata: 7 Bulbo umido all'entrata: 6	Temperatura entrata: 30[97]	1,38
salamoia/aria	Temperatura entrata: 0	Bulbo secco all'entrata: 20	1,59
salamoia/ acqua	Temperatura entrata: 0	Temperatura entrata: 30[97]	1,47
acqua/aria	Temperatura entrata: 10	Bulbo secco all'entrata: 20	1,6

---

[96] Per i soli sistemi di tipo rooftop il GUEh minimo è pari a 1,2.
[97] Δt: pompe di calore ad assorbimento: temperatura di uscita di 40°C. Pompe di calore a motore endotermico: temperatura di uscita di 35°C.

acqua/acqua	Temperatura entrata: 10	Temperatura entrata: 30[97]	1,56

Il valore minimo dell'indice di efficienza energetica (GUEc) per pompe di calore a gas è pari a 0,6 per tutte le tipologie.

La prestazione deve essere dichiarata e garantita dal costruttore della pompa di calore sulla base di prove effettuate in conformità alle seguenti norme, restando fermo che al momento della prova le pompe di calore devono funzionare a pieno regime, nelle condizioni indicate nelle Tabelle 1 e 2 sopra riportate:

- UNI EN 12309-2015: per quanto riguarda le pompe di calore a gas ad assorbimento (valori di prova sul p.c.i.);

- UNI EN 1605 per quanto riguarda le pompe di calore a gas a motore endotermico.

Nel caso di **pompe di calore a gas ad assorbimento**, le emissioni in atmosfera di ossidi di azoto (NO_x espressi come NO_2), dovute al sistema di combustione, devono essere calcolate in conformità alla vigente normativa europea e devono essere inferiori a 120 mg/kWh (valore riferito all'energia termica prodotta).

Nel caso di **pompe di calore a gas con motore a combustione interna**, le emissioni in atmosfera di ossidi di azoto (NO_x espressi come NO_2), dovute al sistema di combustione, devono essere calcolate in conformità alla vigente normativa europea e devono essere inferiori a 240 mg/kWh (valore riferito all'energia termica prodotta).

Nel caso di **pompe di calore elettriche o a gas dotate di variatore di velocità** (inverter o altra tipologia), i pertinenti valori di cui alle tabelle 1 e 2 sono ridotti del 5%.

8.5.   Impianti di climatizzazione dotati di sistemi ibridi

I **sistemi ibridi** sono costituiti da una pompa di calore e da una caldaia a condensazione. Devono essere soddisfatti i seguenti requisiti:

a) il sistema ibrido è costituito da pompa di calore e caldaia a condensazione, espressamente realizzati e concepiti dal fabbricante per **funzionare in abbinamento tra loro**;

b) il **rapporto** tra la potenza termica utile nominale della pompa di calore e la potenza termica utile nominale della caldaia è **minore o uguale a 0,5**;

c) il COP/GUE della pompa di calore rispetta i limiti di cui **all'Allegato F** al **Decreto Requisiti Ecobonus**;

d) la **caldaia è del tipo a condensazione** e deve avere rendimento termico utile, a carico pari al 100% della potenza termica utile nominale (per le caldaie ad acqua con temperature minima e massima rispettivamente di 60 e 80 °C) maggiore o uguale a $93 + 2 \log(\text{Pn})$[98];

---

[98] Dove log(Pn) è il logaritmo in base 10 della potenza utile nominale del singolo generatore e dove per valori di Pn maggiori di 400 kW si applica il limite massimo corrispondente a 400 kW.

e) per impianti di potenza utile della caldaia superiore a 100 kW, è stato adottato un bruciatore di tipo modulante, la regolazione climatica agisce direttamente sul bruciatore, è stata installata una pompa di tipo elettronico a giri variabili o sistemi assimilabili e che il sistema di distribuzione è messo a punto ed equilibrato in relazione alle portate.

8.6. Impianti di climatizzazione dotati di micro-cogeneratori

L'installazione di **micro-cogeneratori** (di potenza elettrica inferiore a 50kWe) in sostituzione funzionale, integrale o parziale, di impianti di climatizzazione invernale, deve possedere i seguenti requisiti:

a) l'intervento, sulla base dei dati di progetto, deve condurre a un **risparmio** di energia primaria (PES)[99], pari almeno al **20 per cento**;

b) tutta l'energia termica prodotta sarà utilizzata per soddisfare la richiesta termica per la climatizzazione degli ambienti e la produzione di acqua calda sanitaria.

Qualora sia previsto il mantenimento del generatore precedentemente installato con funzione di back-up, l'asseverazione del tecnico incaricato ne deve riportare le motivazioni.

All'asseverazione precedente deve essere allegata la dichiarazione del fornitore dell'unità di microcogenerazione

---

[99] Come definito all'allegato III del decreto del Ministro dello sviluppo economico 4 agosto 2011.

dalla quale si abbia evidenza delle prestazioni energetiche e in cui si attesti l'assenza di dissipazioni termiche, variazioni del carico, regolazioni della potenza elettrica, rampe di accensione e spegnimento di lunga durata, altre situazioni di funzionamento modulabile che determinano variazioni del rapporto energia elettrica/energia termica.

Per la realizzazione, la connessione alla rete elettrica e l'esercizio degli impianti di microcogenerazione si fa riferimento al decreto del Ministro dello Sviluppo economico 16 marzo 2017.

8.7.   Scaldacqua a pompa di calore

Per l'intervento di sostituzione di scaldacqua tradizionali con **scaldacqua a pompa di calore** dedicati alla produzione di acqua calda sanitaria, è necessario che il fornitore del prodotto dichiari per la pompa di calore un **COP > 2,6**[100].

8.8.   Impianti di climatizzazione dotati di generatori di calore alimentati da biomasse combustibili

I generatori di calore alimentati da **biomasse combustibili** usati come impianti di climatizzazione invernale possono accedere alla detrazione del 110% solo per le aree <u>non metanizzate</u> di determinati comuni[101]; tali caldaie a biomassa

---

[100] Condizione prevista dal punto 3, lettera c), dell'allegato 2 al decreto legislativo 3 marzo 2011, n. 28.
[101] Sono i comuni non interessati dalle procedure di infrazione comunitaria n. 2014/214 7 del 10 luglio 2014 o n. 2015/2043 del 28

devono avere prestazioni emissive con i valori previsti almeno per la classe 5 stelle[102]. Devono essere rispettati i requisiti riportati nell'**Allegato G** del Decreto Requisiti Ecobonus.

Riportiamo un estratto dell'Allegato G che riporta i requisiti dei vari tipi di generatori a biomassa.

Le **caldaie a biomassa** di potenza termica nominale inferiore o uguale a 500 kW_t devono possedere i seguenti requisiti:

i.   devono essere certificate da un organismo accreditato che ne attesti l'appartenenza alla **classe 5**[103];

ii. devono essere abbinate ad un sistema di accumulo termico dimensionato rispettando i seguenti criteri:

   • per le caldaie con alimentazione manuale del combustibile, deve essere rispettata la norma EN 303-5;

   • per le caldaie con alimentazione automatica del combustibile, il volume di accumulo deve essere di almeno 20 litri per ogni kW_t di potenza della caldaia;

---

maggio 2015 per la non ottemperanza dell'Italia agli obblighi previsti dalla direttiva 2008/50/CE.

[102] Classe individuata ai sensi del regolamento di cui al decreto del Ministro dell'ambiente e della tutela del territorio e del mare 7 novembre 2017, n. 186.

[103] In conformità alla norma UNI EN 303-5.

- per le caldaie automatiche a pellet deve essere previsto comunque un volume di accumulo, tale da garantire un'adeguata funzione di compensazione di carico, con l'obiettivo di minimizzare i cicli di accensione e spegnimento, secondo quanto indicato dal costruttore e/o dal progettista.

iii. il combustibile utilizzato deve essere certificato da un organismo di certificazione accreditato che ne attesti la conformità alla norma[104]. Nel caso delle caldaie potrà essere utilizzato solo pellet appartenente alla classe di qualità per cui il generatore è stato certificato, oppure pellet appartenente a classi di miglior qualità rispetto a questa. In tutti i casi la documentazione fiscale dovrà riportare l'evidenza della classe di qualità e il codice di identificazione rilasciato dall'Organismo di certificazione accreditato al produttore e/o distributore del pellet;

iv. possono altresì essere utilizzate altre biomasse combustibili purché previste[105], solo nel caso in cui la condizione di cui al comma 1 dell'Allegato G risulti certificata anche per tali combustibili.

Le **<u>stufe ed i termocamini a pellet</u>** devono soddisfare ai seguenti requisiti:

---

[104] UNI EN ISO I 7225 ivi incluso il rispetto delle condizioni previste dall'Allegato X, Parte II, sezione 4, paragrafo I, lettera d) alla parte V del d.lgs. 152/2006 e successive modificazioni.
[105] Devono essere tra quelle indicate dall' Allegato X, Parte II, sezione 4, paragrafo I, alla parte V del d.lgs. 152/2006 e successive modificazioni.

i. essere in possesso di certificazione di un organismo accreditato che attesti la conformità alla norma UNI EN 14785;

ii. il pellet utilizzato deve essere certificato da un organismo di certificazione che ne attesti la conformità[106].

I **termocamini a legna** devono soddisfare ai seguenti requisiti:

i. essere in possesso di certificazione di un organismo accreditato che ne attesti la conformità alla norma UNI EN 13229;

ii. la legna utilizzata deve essere certificata secondo la norma UNI EN ISO 17225-5. Possono altresì essere utilizzate altre biomasse combustibili purché previste[105], solo nel caso in cui la condizione di cui al comma 1 dell'Allegato G risulti certificata anche per tali combustibili.

Le **stufe a legna** devono soddisfare ai seguenti requisiti:

i. essere in possesso di certificazione di un organismo accreditato che ne attesti la conformità alla norma UNI EN 13240;

ii. la legna utilizzata deve essere certificata secondo la norma UNI EN ISO 17225-5. Possono altresì essere utilizzate altre biomasse combustibili purché previste[105], solo nel caso in cui la condizione di cui

---

[106] Alla norma UNI EN ISO 17225-2 ivi incluso il rispetto delle condizioni previste dall' Allegato X, Parte II, sezione 4, paragrafo I, lettera d) alla parte V del d.lgs. 152/2006 e successive modificazioni.

al punto iii delle caldaie a biomassa risulti certificata anche per tali combustibili.

Il **comma 1 dell'Allegato G** indica che l'accesso alle detrazioni per i generatori di calore alimentati con biomassa è subordinato:

a) nel caso di contestuale sostituzione di un altro impianto a biomasse, al conseguimento della certificazione ambientale con classe di qualità 4 stelle o superiore[107];

b) in tutti gli altri casi, al conseguimento della certificazione ambientale con classe di qualità 5 stelle, ai sensi del medesimo decreto del punto a).

---

[107] Ai sensi del decreto del Ministro dell'ambiente e della tutela del territorio e del mare del 7 novembre 2017, n.186.

8.9.   Indicazioni generali per gli interventi sugli impianti di climatizzazione invernale

Che potenza possono avere i nuovi impianti installati?

La potenza termica complessiva dei nuovi generatori di calore installati non può superare per più del **10%** la potenza complessiva dei generatori di calore sostituiti, salvo che l'aumento di potenza sia motivato[108].

Nel caso di generatori di calore unifamiliari **combinati**, destinati alla climatizzazione invernale e alla produzione di acqua calda sanitaria, sono comunque ammesse potenze nominali fino a **35 kW**.

Nel caso sia prevista la produzione di acqua calda sanitaria per una pluralità di utenze, gli interventi devono rispettare il comma 6 dell'articolo 5 del DPR 412/93 che dice:

"6. Negli impianti termici di nuova installazione, nonché in quelli sottoposti a ristrutturazione, la produzione centralizzata dell'energia termica necessaria alla climatizzazione invernale degli ambienti ed alla produzione di acqua calda per usi igienici e sanitari per una pluralità di utenze, deve essere effettuata con generatori di calore separati, fatte salve eventuali situazioni per le quali si possa dimostrare che l'adozione di un unico generatore di calore non determini maggiori consumi di energia o comporti impedimenti di natura tecnica o economica. Gli elementi tecnico-economici che giustificano la scelta di

---

[108] A seguito di una verifica dimensionale dell'impianto di riscaldamento condotta secondo la norma UNI EN 12831.

un unico generatore vanno riportati nella relazione tecnica di cui all'art. 28 della legge 9 gennaio 1991, n. 10. L'applicazione della norma tecnica UNI 8065, relativa ai sistemi di trattamento dell'acqua, è prescritta, nei limiti e con le specifiche indicate nella norma stessa, per gli impianti termici di nuova installazione con potenza complessiva superiore o uguale a 350 kW".

È ammesso il passaggio ad impianti centralizzati?

È possibile trasformare gli impianti individuali autonomi in impianti di climatizzazione invernale centralizzati con contabilizzazione del calore.

Non è ammessa invece la trasformazione inversa, cioè il passaggio da impianti di climatizzazione invernale centralizzati per l'edificio o il complesso di edifici ad impianti individuali autonomi.

Devo installare le valvole termostatiche?

Dove sia tecnicamente possibile, si devono installare valvole termostatiche a bassa inerzia termica corredate dalla certificazione del fornitore, ovvero altro sistema di termoregolazione per singolo ambiente.

Sono esclusi da tale obbligo:

a) i locali in cui l'installazione di valvole termostatiche o altra regolazione di tipo modulante agente sulla portata sia dimostrata inequivocabilmente non fattibile tecnicamente nel caso specifico;

b) i locali in cui è installata una centralina di termoregolazione con dispositivi modulanti per la regolazione automatica della temperatura ambiente;

c) gli impianti al servizio di più locali, ove è possibile omettere l'installazione di elementi di regolazione di tipo modulante agenti sulla portata esclusivamente sui terminali di emissione situati all'interno dei locali in cui è presente una centralina di termoregolazione, anche se questa agisce, oltre che sui terminali di quel locale, anche sui terminali di emissione installati in altri locali;

d) gli impianti di climatizzazione invernale progettati e realizzati con temperature medie del fluido termovettore inferiori a 45°C (gli impianti radianti a pavimento, per esempio).

Il motivo della eventuale mancata installazione delle valvole termostatiche dovrà essere riportato nella dichiarazione di conformità[109] resa dall'installatore e nella relazione tecnica[110] redatta a cura del tecnico abilitato.

Allaccio a sistemi di teleriscaldamento

Nel caso di interventi di allaccio a sistemi di tele-riscaldamento efficiente, l'asseverazione dovrà attestare che,

---

[109] Ai sensi del decreto del Ministro dello sviluppo economico 22 gennaio 2008, n. 37 recante regolamento concernente l'attuazione dell'articolo 11-quaterdecies, comma 13, lettera a) della legge n. 248 del 2 dicembre 2005, recante riordino delle disposizioni in materia di attività di installazione degli impianti all'interno degli edifici.
[110] Di cui all'articolo 8, comma 1, del decreto legislativo 19 agosto 2005, n. 192.

a parità delle altre condizioni, **il consumo di energia primaria** per i servizi sostituiti a seguito del suddetto allaccio è **inferiore** al consumo della situazione ex-ante.

8.10. Interventi di installazione di sistemi di building-automation

I sistemi di building automation possono essere installati nelle unità abitative congiuntamente o indipendentemente dagli interventi di sostituzione di impianti di climatizzazione invernale. L'asseverazione deve indicare che il sistema, dal punto di vista tecnologico, raggiunge almeno la classe B della norma EN 15232 e consente la gestione automatica personalizzata degli impianti di riscaldamento o produzione di acqua calda sanitaria o di climatizzazione estiva permettendo all'utente di:

a) consultare attraverso dispositivi multimediali i consumi energetici forniti in maniera periodica dal sistema stesso. La misurazione dei consumi può avvenire anche in maniera indiretta anche con la possibilità di utilizzare i dati di altri sistemi di misurazione installati nell'impianto;

b) mostrare le condizioni di funzionamento correnti e la temperatura di regolazione degli impianti;

c) consentire la gestione da remoto degli impianti di climatizzazione con la possibilità di effettuare operazioni di accensione, spegnimento e di programmazione settimanale.

9. Come si utilizza il beneficio fiscale?

Il Superbonus si può gestire seguendo tre diverse strade:

- Detrazione diretta d'imposta

- Sconto in fattura

- Cessione del credito

Il contribuente che ha intenzione di utilizzare **l'opzione** della cessione del credito o dello sconto in fattura deve essere in possesso della documentazione che attesta la sussistenza dei presupposti che danno diritto alla detrazione d'imposta per gli interventi di efficientamento energetico che intende eseguire.

Sui dati contenuti in questa documentazione deve essere apposto un **visto di conformità**, rilasciato ai sensi della normativa vigente[111] dai soggetti aventi facoltà[112], e dai responsabili dell'assistenza fiscale[113].

I dati relativi all'opzione scelta saranno comunicati esclusivamente in via telematica, cioè utilizzando un portale web, sul sito della Agenzia delle Entrate secondo le modalità stabilite da quest'ultima. Ad inviare i dati può essere anche la stessa persona che ha rilasciato il visto di conformità.

---

[111] Articolo 35 del decreto legislativo 9 luglio 1997, n. 241.

[112] Indicati alle lettere a) e b) del comma 3 dell'articolo 3 del regolamento di cui al decreto del Presidente della Repubblica 22 luglio 1998, n. 322.

[113] Centri costituiti dai soggetti di cui all'articolo 32 del citato decreto legislativo n. 241 del 1997.

Nel caso di SuperEcobonus i tecnici abilitati **asseverano** il rispetto dei requisiti previsti dal **Decreto Requisiti Ecobonus**[114] e la corrispondente congruità delle spese sostenute in relazione agli interventi agevolati. Una copia dell'asseverazione è trasmessa, esclusivamente per via telematica, all'Agenzia nazionale per le nuove tecnologie, l'energia e lo sviluppo economico sostenibile (ENEA).

Le modalità di trasmissione della suddetta asseverazione e le relative modalità attuative sono stabilite nel **Decreto Asseverazioni**[115].

Nel caso di SuperSismabonus, l'efficacia degli interventi previsti al fine della riduzione del rischio sismico è asseverata dai professionisti incaricati della progettazione strutturale, della direzione dei lavori delle strutture e del collaudo statico, secondo le rispettive competenze professionali, iscritti agli ordini o ai collegi professionali di appartenenza[116].

I professionisti incaricati attestano altresì la corrispondente **congruità delle spese** sostenute in relazione agli interventi agevolati.

Il soggetto che rilascia il visto di conformità verifica la presenza delle asseverazioni e delle attestazioni rilasciate dai professionisti incaricati.

---

[114] DM 6 agosto 2020.
[115] DM 6 agosto 2020.
[116] In base alle disposizioni del decreto del Ministro delle infrastrutture e dei trasporti n. 58 del 28 febbraio 2017.

L'asseverazione sopra citata è rilasciata al termine dei lavori o per ogni stato di avanzamento dei lavori sulla base delle condizioni e nei limiti esposti nell'articolo 121 del Decreto Rilancio. L'asseverazione rilasciata dal tecnico abilitato attesta i requisiti tecnici sulla base del progetto e dell'effettiva realizzazione.

Ai fini dell'asseverazione della congruità delle spese si fa riferimento ai prezzari predisposti dalle regioni e dalle province autonome, ai listini ufficiali o ai listini delle locali camere di commercio, industria, artigianato e agricoltura ovvero, in difetto, ai prezzi correnti di mercato in base al luogo di effettuazione degli interventi.

9.1. Detrazione di imposta

Il contribuente che realizza gli interventi di efficientamento energetico e messa in sicurezza antisismica, dopo aver pagato l'importo dei lavori, usufruisce direttamente della detrazione in 5 quote annuali di pari importo e in **4 quote annuali di pari importo per le spese sostenute dal 1° gennaio 2022**.

Per esempio, se ho eseguito lavori per un importo totale di 10.000 €, mi verrà riconosciuta una detrazione fiscale totale pari a 11.000 € (quota pari al 110% della mia spesa) che porterò in detrazione nei 5 anni successivi con 5 quote di 2.200 € ciascuna.

La quota di detrazione fiscale eventualmente non usufruita in un anno non può essere usufruita negli anni successivi, e non può essere richiesta a rimborso.

La detrazione diretta conviene quindi a chi ha effettivamente un certo ammontare di contributi da pagare. Se così non fosse, converrebbe sicuramente utilizzare uno dei metodi seguenti.

9.2. Sconto in fattura

Invece di usufruire direttamente della detrazione fiscale o del credito di imposta, il contribuente può optare per un **contributo sotto forma di sconto in fattura fino ad un importo massimo pari al corrispettivo dovuto**, anticipato dal fornitore che ha effettuato gli interventi, il quale potrà recuperarlo sotto forma di credito di imposta cedibile ad altri soggetti, banche e altri intermediari finanziari.

Il fornitore che ha praticato lo sconto in fattura maturerà un credito di imposta pari al 110% dello sconto effettuato e potrà a sua volta utilizzarlo in compensazione delle imposte sui redditi e delle imposte sul valore aggiunto, dei contributi previdenziali e assicurativi, dell'Irap, delle addizionali comunali, con la stessa ripartizione in cinque quote annuali.

La quota di credito di imposta non utilizzata nell'anno non può essere usufruita negli anni successivi né può essere chiesta a rimborso.

I fornitori rispondono per l'eventuale utilizzo del credito di imposta in modo irregolare o in misura maggiore rispetto allo sconto praticato.

Se dai controlli emerge che il contribuente non avrebbe avuto diritto al Superbonus, il fornitore che ha acquistato il credito in buona fede non perde il diritto ad utilizzarlo.

Il fornitore può anche applicare uno sconto parziale.

Se, ad esempio, a fronte di una spesa di 30.000 euro, il fornitore applica uno **sconto in fattura** pari a 10.000 euro, egli maturerà un credito d'imposta pari a 11.000 euro che potrà usare in compensazione o cedere ad una banca o ad un intermediario finanziario.

Al contribuente rimarrà il diritto ad una detrazione d'imposta pari a 22.000 euro (110% di 20.000 euro rimasti a suo carico), e potrà decidere se **fruirne direttamente** o, in alternativa, usare l'opzione di **cessione del credito** ad una banca o ad un intermediario finanziario.

È stata estesa la possibilità di usufruire dello sconto in fattura anche per i soggetti **che sostengono le spese fino al 31 dicembre 2025**.

Per i bonus diversi dal Superbonus, invece, il termine ultimo è il 31 dicembre 2024.

9.3.   Cessione del credito

In alternativa alla fruizione della detrazione e allo sconto in fattura, i contribuenti possono optare per la **cessione del credito di imposta corrispondente alla detrazione,** oltre che ai fornitori dei beni e dei servizi necessari alla realizzazione degli interventi, **ad altri soggetti** (persone fisiche, anche esercenti attività di lavoro autonomo o d'impresa, società ed enti), **banche e intermediari finanziari**.

Chi riceve il credito di imposta risponde per l'eventuale utilizzo irregolare dello stesso o se lo utilizza in misura maggiore rispetto al credito ricevuto.

Se dai controlli emerge che il contribuente non avrebbe avuto diritto al Superbonus, il cessionario che ha acquistato il credito in buona fede non perde il diritto ad utilizzarlo.

I crediti d'imposta sono utilizzati in **compensazione** attraverso il modello F24. Il credito d'imposta è usufruito con la stessa ripartizione in quote annuali con la quale sarebbe stata utilizzata la detrazione. La quota di credito di imposta non utilizzata nell'anno non può essere usufruita negli anni successivi né può essere chiesta a rimborso.

Si può scegliere l'opzione dello sconto in fattura o quella della cessione del credito a fine lavori o in relazione a ciascuno stato di avanzamento dei lavori.

Gli stati di avanzamento dei lavori (SAL) non possono essere più di due per ciascun intervento complessivo e ciascuno stato di avanzamento deve riferirsi ad almeno il 30% dell'intervento.

Se **più persone sostengono spese** per interventi realizzati sullo stesso immobile di cui sono possessori, ciascuno potrà decidere se fruire direttamente della detrazione o esercitare le opzioni dello sconto in fattura o della cessione del credito, indipendentemente dalla scelta degli altri.

La cessione del credito obbliga l'avente diritto e il suo acquirente alla cessione/acquisizione dell'intero ammontare della detrazione, senza che i soggetti coinvolti possano concordare una misura inferiore. Non esiste quindi la cessione parziale del credito: nel caso del Superbonus, ad esempio, l'unica opzione è quella di cedere il 110%.

È stata estesa la possibilità di usufruire dello sconto in fattura anche per i soggetti **che sostengono le spese fino al 31 dicembre 2025**.

Per i bonus diversi dal Superbonus, invece, il termine ultimo è il 31 dicembre 2024.

9.4. Le offerte delle banche

Numerose banche si sono organizzate per gestire la cessione del credito prevista dall'articolo 121 del Decreto Rilancio, predisponendo dei pacchetti ad hoc per il Superbonus.

Per cedere il credito alle banche, il contribuente od il fornitore interessati dovranno contattare il loro operatore finanziario prima di effettuare i lavori, e valutare la sua offerta specifica.

Le banche interessate ad acquistare il credito maturato con il Superbonus pubblicano dei fogli informativi che contengono le modalità di accesso e le caratteristiche economiche del servizio da loro offerto a favore delle persone fisiche, dei condomìni o dei fornitori interessati alla cessione del credito.

Oltre alle banche, anche Poste Italiane offre la soluzione di cessione dei crediti d'imposta e specifiche soluzioni assicurative.

10. I passi per ottenere il Superbonus

10.1. Se voglio richiedere il Super-Ecobonus

Nel caso si voglia accedere al Superbonus per gli interventi di **efficientamento energetico** e detrarre successivamente il 110% delle spese sostenute si dovrà:

- fare eseguire ad un tecnico uno studio di **prefattibilità** che porti ad una modellazione di massima dell'edificio dal punto di vista dei consumi energetici. Il tecnico, in accordo col cliente, studierà una lista di interventi ammissibili e ricalcolerà il modello dell'edificio post interventi, per verificare se è soddisfatto il prerequisito del salto di due classi energetiche. Solo in caso di risultato positivo sarà possibile proseguire con i seguenti passi per ottenere il Superbonus[117];

- effettuare l'accesso agli atti per verificare lo **stato legittimo dell'immobile** dal punto di vista urbanistico, cioè l'assenza di abusi edilizi. Con il DL 77/2021 non è più obbligatoria l'attestazione dello stato legittimo da parte di un tecnico;

- acquisire l'Attestato di Prestazione Energetica prima dell'intervento di efficientamento (**APE PRE o APE convenzionale**). Questo documento sarà il punto di

---

[117] In caso di esito negativo, non sarà possibile accedere all'agevolazione del Superbonus e la prestazione del professionista dovrà essere liquidata dal cliente senza possibilità di recuperare la cifra spesa.

partenza per dimostrare in seguito il richiesto salto di due classi energetiche dell'edificio oggetto di intervento;

- chiedere uno o più preventivi relativi agli interventi da compiere;

- depositare in Comune la **relazione tecnica** (ex Legge 10/91)[118];

- fare eseguire gli interventi di efficientamento energetico ed eventuali altri interventi richiesti;

- acquisire l'**asseverazione**[119] di un tecnico abilitato, che attesti la **rispondenza dell'intervento ai pertinenti requisiti richiesti** e la corrispondente **congruità delle spese**;

- acquisire l'Attestato di Prestazione Energetica post-intervento (**APE POST**);

- pagare le spese con bonifico bancario o postale, indicando la causale del versamento, il codice fiscale del beneficiario della detrazione, il numero di partita Iva o il codice fiscale del soggetto a favore del quale è effettuato il bonifico (professionista o impresa che ha effettuato i lavori);

- inviare le asseverazioni e gli APE all'ENEA secondo le modalità indicate nel **DM Asseverazioni**;

- conservare le fatture o le ricevute fiscali comprovanti le spese effettivamente sostenute per la realizzazione degli interventi, la ricevuta del bonifico bancario,

---

[118] Di cui all'articolo 8, comma I, del decreto legislativo 19 agosto 2005, n. 192.
[119] Vedi capitolo Asseverazioni.

ovvero del bonifico postale, attraverso il quale è stato effettuato il pagamento;

- conservare ed esibire, su richiesta dell'Agenzia delle Entrate o di ENEA, tutta la documentazione di cui al presente capitolo.

Se i lavori sono effettuati dal **detentore dell'immobile**, va acquisita la dichiarazione del proprietario di consenso all'esecuzione dei lavori.

Nel caso in cui gli interventi sono effettuati su **parti comuni degli edifici** va acquisita copia della delibera assembleare e della tabella millesimale di ripartizione delle spese. Tale documentazione può essere sostituita dalla certificazione rilasciata dall'amministratore del condominio.

Nel cartello esposto presso il cantiere, in un luogo ben visibile e accessibile, deve essere riportata anche la seguente dicitura: "Accesso agli incentivi statali previsti dalla legge 17 luglio 2020, n. 77, superbonus 110 per cento per interventi di efficienza energetica".

10.2.   Se voglio richiedere il Super-Sismabonus

Nel caso si voglia accedere al Super-Sismabonus per gli interventi di **messa in sicurezza antisismica** e detrarre successivamente il 110% delle spese si dovrà:

- chiedere uno o più preventivi per gli interventi in oggetto;

- fare eseguire i lavori;

- acquisire **l'asseverazione dell'efficacia degli interventi**, da parte dei professionisti incaricati della progettazione strutturale, direzione dei lavori delle strutture e collaudo statico, secondo le rispettive competenze professionali[120];

- acquisire **l'asseverazione della congruità delle spese sostenute** in relazione agli interventi agevolati;

- depositare le asseverazioni presso lo Sportello unico per l'edilizia;

- pagare le spese con bonifico bancario o postale, indicando la causale del versamento, il codice fiscale del beneficiario della detrazione, il numero di partita Iva o il codice fiscale del soggetto a favore del quale è effettuato il bonifico (professionista o impresa che ha effettuato i lavori).

Le asseverazioni sono rilasciate al **termine dei lavori** o per ogni **stato di avanzamento** dei lavori. Gli stati di avanzamento dei lavori non possono essere più di due per ciascun intervento complessivo e ciascuno stato di avanzamento deve riferirsi ad almeno il 30 per cento del medesimo intervento.

Il **costo delle asseverazioni** è detraibile con le stesse modalità valide per gli interventi a cui esse si riferiscono, e deve essere fatto rientrare nel tetto massimo di spesa attribuito all'intervento stesso.

---

[120] Come previsto dal DM 329/2020.

Nel cartello esposto presso il cantiere, in un luogo ben visibile e accessibile, deve essere riportata anche la seguente dicitura: "Accesso agli incentivi statali previsti dalla legge 17 luglio 2020, n. 77, superbonus 110 per cento per interventi antisismici".

10.3. Ulteriori adempimenti per ottenere lo sconto in fattura o la cessione del credito

Per esercitare l'opzione dello **sconto in fattura** o della **cessione del credito**[121], il contribuente, oltre agli adempimenti visti in precedenza per ottenere il Superbonus, deve:

- acquisire le asseverazioni dai professionisti abilitati[122];

- richiedere a dottori commercialisti, ragionieri, periti commerciali, consulenti del lavoro ed esperti iscritti alle Camere di Commercio, **il visto di conformità dei dati che attestano i presupposti che danno diritto alla detrazione** (sarà cura del soggetto che rilascia il visto di conformità verificare la presenza delle asseverazioni e delle attestazioni rilasciate dai professionisti incaricati);

- **trasmettere le asseverazioni all'ENEA** o, nel caso di sismabonus, depositarle presso lo Sportello Unico per l'edilizia;

---

[121] Previsti dall'articolo n.121 della legge "Rilancio".
[122] Vedi capitolo Asseverazioni.

- inviare all'Agenzia delle Entrate la **comunicazione per esercitare l'opzione**[123];

   l'esercizio dell'opzione, sia per gli interventi eseguiti sulle unità immobiliari, sia per quelli sulle parti comuni degli edifici, è comunicato all'Agenzia delle Entrate utilizzando il modello denominato *"Comunicazione dell'opzione relativa agli interventi di recupero del patrimonio edilizio, efficienza energetica, rischio sismico, impianti fotovoltaici e colonnine di ricarica"*, da inviare esclusivamente in via telematica all'Agenzia delle Entrate <u>entro il 16 marzo dell'anno successivo</u> a quello in cui sono state sostenute le spese che danno diritto alla detrazione;

- per gli interventi finalizzati al risparmio energetico, la Comunicazione è inviata a decorrere dal quinto giorno lavorativo successivo al rilascio da parte dell'ENEA della ricevuta di avvenuta trasmissione dell'asseverazione prevista;

- a seguito dell'invio della Comunicazione è rilasciata, entro 5 giorni, una ricevuta che ne attesta la presa in carico, ovvero lo scarto, con l'indicazione delle relative motivazioni. La ricevuta viene messa a disposizione del soggetto che ha trasmesso la Comunicazione, nell'area riservata del sito internet dell'Agenzia delle entrate.

La comunicazione per gli interventi eseguiti sulle unità immobiliari, deve essere inviata dal soggetto che rilascia il visto di conformità.

---

[123] Modello allegato al Provvedimento 8 agosto 2020.

La comunicazione relativa agli interventi eseguiti sulle parti comuni degli edifici è inviata dal soggetto che rilascia il visto di conformità o dall'amministratore di condominio, direttamente oppure avvalendosi di un intermediario, o dal condomino incaricato nei condomìni che non hanno l'obbligo di nomina dell'amministratore.

Per gli interventi eseguiti sulle parti comuni degli edifici, il condomino beneficiario della detrazione che cede il credito, se i dati della cessione non sono indicati nella delibera condominiale, comunica all'amministratore del condominio (o al condomino incaricato) l'avvenuta cessione del credito e la relativa accettazione da parte del cessionario.

L'amministratore del condominio comunica ai condòmini che hanno effettuato l'opzione il protocollo telematico della comunicazione.

10.4.   APE PRE e APE POST

Per gli interventi in ambito Superbonus, le asseverazioni contengono la dichiarazione del tecnico abilitato che l'intervento globale ha comportato **il miglioramento di almeno due classi energetiche** (o una classe energetica qualora la classe ante intervento sia la A3). All'asseverazione sono allegati gli **attestati di prestazione energetica ante e post intervento** rilasciati da tecnici abilitati, dal progettista o dal direttore dei lavori, nella forma di dichiarazione sostitutiva di atto notorio.

Tali attestati di prestazione energetica (APE), qualora redatti per edifici con più unità immobiliari (condomìni), sono detti **"convenzionali"** e sono appositamente predisposti ed utilizzabili esclusivamente allo scopo di asseverare il miglioramento della classe energetica sopra indicato.

Gli **APE convenzionali** vengono predisposti considerando l'edificio nella sua interezza, considerando i servizi energetici presenti nella situazione ante-intervento.

Per la redazione degli APE convenzionali, riferiti come detto a edifici con più unità immobiliari, tutti gli indici di prestazione energetica dell'edificio considerato nella sua interezza, compreso l'indice $EP_{gl,nren,rif,standard}$ **(2019/21)** che serve per la determinazione della classe energetica dell'edificio, si calcolano a partire dagli indici prestazione energetica delle singole unità immobiliari.

In particolare, ciascun indice di prestazione energetica dell'intero edificio è determinato calcolando la somma dei prodotti dei corrispondenti indici delle singole unità immobiliari per la loro superficie utile e dividendo il risultato per la superficie utile complessiva dell'intero edificio.

10.5. Asseverazioni

Si evidenziano di seguito le indicazioni riportate negli articoli 2 e 3 del Decreto Asseverazioni (DM 6 agosto 2020).

Il Tecnico Abilitato antepone alla sottoscrizione dell'Asseverazione il richiamo agli articoli 47, 75 e 76 del decreto del Presidente della Repubblica 28 dicembre 2000, n. 445.

All'atto della sottoscrizione, appone il timbro fornito dal Collegio o dall'ordine professionale, attestante che lo stesso possiede il requisito, prescritto dalla legge, dell'iscrizione nell'Albo professionale e di svolgimento della libera professione.

L'asseverazione deve necessariamente contenere i seguenti elementi, pena la sua non validità:

a) la dichiarazione espressa del tecnico abilitato con la quale lo stesso specifica di voler ricevere ogni comunicazione con valore legale ad un preciso indirizzo di posta elettronica certificata;

b) la dichiarazione che, alla data di presentazione dell'asseverazione, il massimale della polizza allegata è adeguato al numero delle attestazioni o asseverazioni rilasciate e agli importi degli interventi oggetto delle predette asseverazioni o attestazioni.

Il Tecnico Abilitato allega, a pena di invalidità dell'asseverazione medesima, copia della Polizza di Assicurazione, che costituisce parte integrante del documento di asseverazione, e copia del documento di riconoscimento.

Il massimale della Polizza di Assicurazione è adeguato al numero delle asseverazioni rilasciate e all'ammontare degli importi degli interventi oggetto delle Asseverazioni; a tal fine, il Tecnico Abilitato dichiara che il massimale della Polizza di Assicurazione allegata all'Asseverazione è adeguato. In precedenza, in ogni caso il massimale della Polizza di Assicurazione non poteva essere inferiore a € 500.000, **ora invece deve semplicemente essere almeno pari all'importo degli interventi asseverati.**

L'asseverazione può avere ad oggetto gli interventi conclusi o uno stato di avanzamento delle opere per la loro realizzazione, nei limiti previsti all'articolo 119, comma 13-bis del Decreto Rilancio.

L'asseverazione, previa registrazione da parte del Tecnico Abilitato, è compilata on-line nel portale informatico ENEA dedicato. La stampa del modello compilato, debitamente firmata in ogni pagina e timbrata sulla pagina finale con il timbro professionale, è digitalizzata e trasmessa ad ENEA attraverso il suddetto sito.

L'Asseverazione è trasmessa entro 90 giorni dal termine dei lavori, nel caso di asseverazioni che facciano riferimento a lavori conclusi.

A seguito della trasmissione, il Tecnico Abilitato riceve la relativa ricevuta di avvenuta trasmissione, che riporta il **codice univoco identificativo** attribuito dal sistema.

La legge di Bilancio 2022 ha aggiunto il comma 1-ter all'articolo 121 del Decreto Rilancio, evidenziando che l'asseverazione della congruità delle spese sostenute **non è necessaria** nel caso di opere già classificate come **attività di edilizia libera**[124], e nel caso di interventi di importo complessivo **non superiore a 10.000 euro**, eseguiti sulle singole unità immobiliari o sulle parti comuni dell'edificio[125].

---

[124] Ai sensi dell'articolo 6 del testo unico delle disposizioni legislative e regolamentari in materia edilizia, di cui al decreto del Presidente della Repubblica 6 giugno 2001, n. 380, del decreto del Ministro delle infrastrutture e dei trasporti 2 marzo 2018, pubblicato nella Gazzetta Ufficiale n. 81 del 7 aprile 2018, o della normativa regionale.

[125] Fatta eccezione per gli interventi di cui all'articolo 1, comma 219, della legge 27 di-cembre 2019, n. 160.

10.5.1. Asseverazione Super-Ecobonus VS Asseverazione Ecobonus ordinario

Si vuole evidenziare la differenza tra l'asseverazione per il Super-Ecobonus (DL Rilancio) e l'asseverazione per l'Ecobonus ordinario (ex legge 296/2006).

L'asseverazione per Super-Ecobonus deve essere inviata esclusivamente attraverso il Portale Superbonus.

L'asseverazione in ambito Superbonus è necessaria nei seguenti casi:

- Superbonus utilizzo diretto (invio a fine lavori)
- Superbonus cessione del credito (SAL 30% / SAL 60% / a fine lavori)
- Superbonus sconto in fattura (SAL 30% / SAL 60% / a fine lavori)

Questa asseverazione riguarda:

- Requisiti tecnici
- Congruità delle spese

È sempre obbligatorio allegare nel Portale Superbonus anche il Computo Metrico.

Tale asseverazione non può mai essere sostituita dalla dichiarazione del fornitore/installatore.

L'asseverazione per Ecobonus ordinario, invece, non va inviata attraverso il Portale Superbonus.

Se la data di inizio lavori è <u>antecedente al 6 ottobre 2020</u>, laddove richiesta, l'asseverazione riguarda **solo i requisiti tecnici dell'intervento**.

Se la data di inizio lavori è <u>successiva al 6 ottobre 2020</u>, laddove richiesta, l'asseverazione riguarda **i requisiti tecnici dell'intervento** e la **congruità delle spese con allegato il computo metrico**.

Se la data di inizio lavori è <u>antecedente al 6 ottobre 2020</u>, l'asseverazione può essere sostituita in alcuni casi semplici dalla dichiarazione del fornitore/produttore, mentre <u>se è successiva a tale data</u> è necessario anche il rispetto dei massimali di costo riportati nell'Allegato I del Decreto Requisiti Ecobonus.

Il computo metrico per l'Ecobonus ordinario non va trasmesso all'ENEA, ma va conservato a cura del Soggetto Beneficiario.

10.6. CILA – Superbonus

Il decreto Semplificazioni 2021 ha introdotto i commi 13-ter, 13-quater e 13-quinquies all'articolo 119 del Decreto Rilancio, modificando di fatto quelle che erano le regole circa la legittimità degli edifici che intendono richiedere il Superbonus.

Dall'entrata in vigore del decreto (28 luglio 2021), gli interventi previsti dal Superbonus, con esclusione di quelli che comportino la demolizione e la ricostruzione degli edifici, costituiscono **manutenzione straordinaria** e sono **realizzabili mediante comunicazione di inizio lavori asseverata CILA**.

Nella CILA sono attestati gli **estremi del titolo abilitativo** che ha previsto la costruzione dell'immobile oggetto d'intervento o del provvedimento che ne ha consentito la legittimazione ovvero è attestato che la costruzione è stata completata in data antecedente al 1° settembre 1967.

La presentazione della CILA non richiede l'attestazione dello stato legittimo[126].

Per gli interventi Superbonus, la decadenza del beneficio fiscale[127] opera esclusivamente nei seguenti casi:

a) mancata presentazione della CILA;
b) interventi realizzati in difformità della CILA;
c) assenza dell'attestazione degli estremi del titolo abilitativo o del provvedimento che ne ha consentito la legittimazione oppure assenza dell'attestazione che la costruzione è ante '67;
d) non corrispondenza al vero delle attestazioni ai sensi del comma 14.

È stata adottata una **modulistica unificata e standardizzata** per la presentazione della comunicazione asseverata di inizio attività CILA – Superbonus[128].

Per gli interventi finalizzati agli incentivi Superbonus 110% già classificati quali **edilizia libera**[129], **il modello**

---

[126] Di cui all'art. 9-bis, comma 1-bis, del decreto del Presidente della Repubblica 6 giugno 2001, n. 380.

[127] Previsto dall'art. 49 del decreto del Presidente della Repubblica n.380 del 2001.

[128] Ai sensi dell'art. 119 comma 13-ter del decreto legge 19 maggio 2020, n.34, convertito con modificazione della legge 17 luglio 2020 n.77.

[129] Ex art. 6 DPR 380/2001 s.m.i. di cui al DM 2 marzo 2018.

predisposto non obbliga alla presentazione di alcun elaborato progettuale. È sufficiente una descrizione esaustiva degli interventi.

Si precisa che **in caso di interventi strutturali**, ai fini degli interventi previsti dall'art. 119, comma 13-ter, del DL n. 34 del 2020, come modificato dall'articolo 33 del DL n. 77 del 2021, **la denuncia dei lavori presentata o l'autorizzazione sismica** (DPR 380/01) è un presupposto indispensabile di cui alla CILA "Superbonus".

Per gli interventi in itinere finalizzati al Superbonus, già eseguiti in forza di altri procedimenti edilizi in data antecedente all'entrata in vigore del DL n.77 del 2021, viene prevista comunque la presentazione della CILA "Superbonus", in quanto la difformità a detta CILA è una delle condizioni che comporta la decadenza del contributo.

In caso di varianti in corso d'opera ad interventi di cui alla CILA "Superbonus", le stesse **varianti possono essere comunicate a fine lavori** e costituiscono integrazione della CILA presentata.

Per gli interventi che prevedono contemporaneamente opere soggette a benefici fiscali di cui al Superbonus e altre opere non rientranti in tali benefici, occorre comunque presentare sia la CILA "Superbonus", sia attivare il procedimento edilizio relativo per le opere non comprese, anche contemporaneamente.

Con la presentazione della CILA Superbonus resta impregiudicata ogni valutazione circa la legittimità dell'immobile oggetto di intervento.

Per riassumere, se ci sono degli elementi di discrepanza rispetto alla progettazione iniziale depositata, non decade più il beneficio fiscale. Può comunque esserci una sanzione amministrativa e una responsabilità civile o penale, a seconda dell'abuso, nei confronti del proprietario dell'immobile in caso di controlli, ma le somme beneficiate con il Superbonus non vengono toccate.

Il tecnico è invece esonerato in questa fase di analisi, non essendo più richiesta l'attestazione dello stato legittimo. Rimane comunque l'etica professionale a guidare il tecnico.

Si vuol far notare che, l'aver tolto l'obbligo dell'attestazione dello stato legittimo, non implica che non sia più buona prassi fare un accesso agli atti per verificare la situazione dell'immobile.

La realizzazione di interventi Superbonus su un edificio dove sappiamo con certezza che ci sono delle problematiche, aumenta il rischio e l'esposizione di controllo.

10.7.   Visto di conformità

Il visto di conformità è quel documento elaborato da un professionista abilitato, ad esempio un commercialista o CAF, necessario per verificare la regolarità delle dichiarazioni e delle documentazioni prodotte per ottenere i bonus edilizi.

Questi professionisti possono essere coinvolti fin da subito, attraverso delle attività di consulenza i cui costi, però, non sono detraibili. È detraibile, e quindi incluso tra le spese che beneficiano del Superbonus 110%, solo il rilascio del visto di conformità alla fine dell'iter. In genere la parcella di questi professionisti si aggira attorno al 2,5% - 3% del costo dei lavori, incluso il costo delle spese professionali.

Oltre al rilascio del visto, questi professionisti si occuperanno anche di effettuare la cessione del credito sul portale dell'Agenzia delle Entrate.

Il presente paragrafo riporta alcune indicazioni sul visto di conformità, contenute nella Circolare 30/E dell'Agenzia delle Entrate.

Si veda il paragrafo 2.8, nel quale sono riportati gli aggiornamenti introdotti dall'Agenzia delle Entrate, con la circolare 16/E del 29 novembre 2021, in merito al visto di conformità per Superbonus e per gli altri bonus edilizi.

Di seguito è fornito **l'elenco di documenti e dichiarazioni sostitutive**, da acquisire all'atto dell'apposizione del visto di conformità sulle comunicazioni da inviare all'Agenzia delle Entrate per l'esercizio dell'opzione per la cessione del credito o per lo sconto in fattura. L'Agenzia delle Entrate si riserva di integrare l'elenco al verificarsi di fattispecie non esaminate.

Per le nozioni riguardanti gli aspetti sinteticamente esposti nell'elenco si rinvia anche alle circolari n. 19/E e n. 24/E del 2020 e ai documenti di prassi ivi richiamati.

Conformemente a quanto previsto dalle Guide alla dichiarazione dei redditi delle persone fisiche (da ultimo la citata circolare n. 19 del 2020), le dichiarazioni sostitutive sono rese ai sensi e per gli effetti degli articoli 46 e 47 del d.P.R. 28 dicembre 2000, n. 445, con la consapevolezza delle conseguenze relative alla decadenza dai benefici goduti prevista dall'articolo 75 e delle responsabilità penali previste dall'articolo 76 del medesimo d.P.R. nel caso di dichiarazioni mendaci, falsità negli atti, uso o esibizione di atti falsi, contenenti dati non più rispondenti a verità.

Tipologia presupposti	Documenti e dichiarazioni sostitutive
Soggetti - **Condomìni**, per parti comuni di edifici residenziali (se non residenziali nel complesso solo ai possessori di unità immobiliari residenziali). - **Persone fisiche**, per unità immobiliari residenziali (esclusi categorie A1, A8, A9) o Proprietario, nudo proprietario o titolare di altro diritto reale di godimento (usufrutto, uso, abitazione o superficie) o Conduttore a titolo di locazione, anche finanziaria o Comodatario o Familiare convivente o Erede o Socio cooperativa a proprietà indivisa o Coniuge assegnatario dell'immobile a seguito di separazione o Futuro acquirente - **IACP o assimilati**, per immobili, di proprietà o gestiti per conto dei comuni, adibiti a edilizia residenziale pubblica	Titolo idoneo, al momento di avvio dei lavori o al momento del sostenimento delle spese, se antecedente il predetto avvio, a seconda dei casi: - Dichiarazione sostitutiva di proprietà dell'immobile o visura catastale - Contratto di locazione registrato, dichiarazione di consenso all'esecuzione dei lavori da parte del proprietario - Contratto di comodato registrato, dichiarazione di consenso all'esecuzione dei lavori da parte del proprietario - Certificato stato di famiglia o dichiarazione sostitutiva della familiare convivente o componente unione di fatto o componente unione civile di convivenza con il proprietario dell'immobile dalla data di inizio lavori o dal momento del sostenimento delle spese, se antecedente - Copia della dichiarazione di successione e dichiarazione sostitutiva attestante la detenzione materiale e diretta dell'immobile

- **Cooperativa di abitazione a proprietà indivisa**, per immobili posseduti e assegnati ai soci - **ONLUS** - **Organizzazione di volontariato** - **Associazione di promozione sociale** - **ASD o SSD**, per immobili o parti di immobili adibiti a spogliatoi - **Comunità energetiche rinnovabili** costituite in forma di enti non commerciali o di condomini, per impianti solari fotovoltaici dalle stesse gestiti	- Verbale del CDA della cooperativa di accettazione della domanda di assegnazione - Sentenza di separazione - Contratto preliminare di acquisto registrato con immissione in possesso - Documentazione idonea a dimostrare l'iscrizione nei registri previsti per ODV, APS, ASD e SSD o dichiarazione sostitutiva - Documentazione idonea a dimostrare la natura di IACP o di ente aventi le stesse finalità sociali
Condomìni - Condominio - Condominio minimo	A seconda del condominio: - Copia della delibera assembleare e della tabella millesimale di ripartizione delle spese o certificazione dell'amministratore di condominio - Delibera assembleare dei condomini, dichiarazione sostitutiva attestante la natura dei lavori eseguiti e i dati catastali delle unità immobiliari facenti parte del condominio minimo
Altre condizioni soggettive	- Dichiarazione sostitutiva del possesso di redditi imponibili in Italia

- Possesso di redditi imponibili in Italia - Destinazione dell'unità immobiliare (persone fisiche) - Limitazione a due unità immobiliari (persone fisiche) - ASD e SSD	- Dichiarazione sostituiva che l'immobile oggetto di intervento non è un bene strumentale, merce o patrimoniale - Dichiarazione sostitutiva che il Superbonus è richiesto per un massimo di due unità immobiliari - Dichiarazione sostitutiva che il Superbonus limitato ai lavori destinati ai soli immobili o parti di immobili adibiti a spogliatoi
Aspetti contabili - Documenti di spesa - Strumenti di pagamento - Sostenimento della spesa nel periodo agevolato secondo i criteri o di cassa (persone fisiche, enti non commerciali) o di competenza (imprese, società, enti commerciali) - Cessione del credito corrispondente alla detrazione - Sconto in fattura (contributo corrispondente alla detrazione, anticipato dal fornitore sotto forma di sconto sul corrispettivo dovuto)	A seconda dei casi: - Fatture, ricevute fiscali o altra idonea documentazione se le cessioni di beni e le prestazioni di servizi sono effettuate da soggetti non tenuti all'osservanza del d.P.R. n. 633 del 1972, da cui risulti la distinta contabilizzazione delle spese relative ai diversi interventi svolti - Bonifico bancario o postale da cui risulti la causale del versamento, il codice fiscale del soggetto che versa e il codice fiscale o partita IVA del soggetto che riceve la somma, per l'importo del corrispettivo non oggetto di sconto in fattura o cessione del credito. **Possono essere utilizzati i**

- Rispetto dell'importo massimo delle spese agevolabili	**bonifici predisposti dagli istituti di pagamento ai fini dell'ecobonus ovvero della detrazione prevista per gli interventi di recupero del patrimonio edilizio**. L'obbligo di effettuare il pagamento mediante bonifico non riguarda i soggetti esercenti attività d'impresa, per i quali vale comunque il principio dell'utilizzo di mezzi tracciabili - Documentazione relativa alle spese il cui pagamento è previsto possa non essere eseguito con bonifico bancario (ad esempio, per pagamenti relativi ad oneri di urbanizzazione, ritenute d'acconto operate sui compensi, imposta di bollo e diritti pagati per le concessioni, autorizzazioni e denunce di inizio lavori) - Certificazione dell'amministratore di condominio - Consenso alla cessione del credito o sconto in fattura da parte del cessionario/fornitore
Abilitazioni amministrative	- Abilitazioni amministrative dalle quali si evinca la tipologia dei lavori e la data di inizio dei lavori, a seconda dei

	casi Comunicazione Inizio Lavori (CIL), Comunicazione Inizio Lavori Asseverata (CILA), Segnalazione certificata di inizio attività (SCIA), con ricevuta di deposito
	- Dichiarazione sostitutiva in cui sia indicata la data di inizio dei lavori ed attestata la circostanza che gli interventi posti in essere rientrano tra quelli agevolabili e che i medesimi non necessitano di alcun titolo abilitativo ai sensi della normativa edilizia vigente
	- Ricevuta di spedizione della comunicazione preventiva inizio lavori all'ASL di competenza
Superbonus antisismico art. 119 Interventi **trainanti** - Interventi antisismici e di riduzione del rischio sismico di cui ai commi da 1-bis a 1-septies dell'articolo 16 del DL n. 63/2013 su parti comuni, su edifici unifamiliari o plurifamiliari indipendenti (c. 4) Interventi **trainati**	**Asseverazioni e attestazioni tecniche** - Asseverazione dei requisiti tecnici con attestazione della congruità delle spese sostenute rilasciata al termine dei lavori o per ogni stato di avanzamento dei lavori - Ricevuta di deposito presso lo sportello unico - Iscrizione del tecnico asseveratore agli specifici ordini e collegi professionali

- Realizzazione di sistemi di monitoraggio strutturale continuo a fini antisismici (c. 4-bis) - Installazione di impianti solari fotovoltaici (c. 5) - Sistemi di accumulo integrati (c. 6)	- Polizza RC del tecnico asseveratore con massimale adeguato agli importi degli interventi oggetto dell'asseverazione - Attestazione dell'impresa che ha effettuati i lavori di esecuzione dell'intervento trainato tra l'inizio e la fine del lavoro trainante - Relazione tecnica di cui all'art. 3, comma 2, del DM del 28 febbraio 2017 con ricevuta di deposito - In presenza di soli interventi trainati acquisire la documentazione attinente gli interventi trainanti se il visto di conformità è stato apposto da un altro CAF o professionista abilitato
Superbonus efficientamento energetico art. 119 **Interventi** *trainanti* - Isolamento termico delle superfici opache verticali, orizzontali e inclinate (c. 1, lett. a) o su parti comuni o su edifici unifamiliari o plurifamiliari indipendenti - Sostituzione degli impianti di climatizzazione invernale (c, 1, lett. b, c)	**Asseverazioni e attestazioni tecniche** - Asseverazione dei requisiti tecnici con attestazione della congruità delle spese sostenute rilasciata al termine dei lavori o per ogni stato di avanzamento dei lavori - Ricevuta di trasmissione all'Enea - Scheda descrittiva con ricevuta di trasmissione all'Enea

o su parti comuni o su edifici unifamiliari o plurifamiliari indipendenti **Interventi *trainati*** - Efficientamento energetico ex art. 14 del DL n. 63/2013 (c. 2) - Installazione di impianti solari fotovoltaici (c. 5) - Sistemi di accumulo integrati (c. 6) - Infrastrutture per la ricarica di veicoli elettrici (c. 8)	- Attestato di prestazione energetica (A.P.E.) *ante* intervento - Attestato di prestazione energetica (A.P.E.) *post* intervento - Iscrizione del tecnico asseveratore agli specifici ordini e collegi professionali - Polizza RC del tecnico asseveratore, con massimale adeguato agli importi degli interventi oggetto dell'asseverazione - Attestazione dell'impresa che ha effettuati i lavori di esecuzione dell'intervento *trainato* tra l'inizio e la fine del lavoro *trainante* In presenza di soli interventi *trainati* (*) acquisire la documentazione attinente agli interventi trainanti se il visto di conformità è stato apposto da un altro CAF o professionista abilitato *(*) salvo che l'edificio sia sottoposto ai vincoli previsti dal codice dei beni culturali e del paesaggio o il rifacimento dell'isolamento termico è vietato da regolamenti edilizi, urbanistici o ambientali*

11. Controlli e sanzioni

11.1. Documenti da conservare

Il contribuente deve conservare:

- le fatture o le ricevute fiscali comprovanti le spese effettivamente sostenute;

- la ricevuta del bonifico bancario o postale;

- la dichiarazione del proprietario di consenso all'esecuzione dei lavori (se realizzati dal detentore dell'immobile);

- la copia della delibera assembleare e della tabella millesimale di ripartizione delle spese (per i lavori sulle parti comuni in condominio) o, in alternativa, la certificazione rilasciata dall'amministratore del condominio;

- la copia dell'asseverazione trasmessa all'Enea (per gli interventi di efficientamento energetico) o depositata preso lo Sportello unico dell'edilizia (per i lavori antisismici).

11.2. Controlli, irregolarità e sanzioni

Secondo quanto riportato all'art.121 comma 4 del Decreto Rilancio, i soggetti che sostengono, dal 2020 al 2025, spese per interventi per i quali viene richiesto il Superbonus e viene esercitata l'opzione per lo sconto in fattura o la cessione del credito, possono essere sottoposti a controlli[130].

I **fornitori** che applicano lo sconto in fattura e i **soggetti cessionari** rispondono solo per l'eventuale utilizzo del credito d'imposta in modo irregolare o in misura maggiore rispetto al credito d'imposta ricevuto.

L'Agenzia delle Entrate nell'ambito dell'ordinaria attività di controllo procede, in base a criteri selettivi e tenendo anche conto della capacità operativa degli uffici, alla verifica documentale della sussistenza dei presupposti che danno diritto alla detrazione d'imposta[131].

In questo caso, il termine di decadenza dei controlli è il **31 dicembre dell'ottavo anno successivo a quello di utilizzo in compensazione del credito.**

Il cessionario non può rispondere per violazioni inerenti alla spettanza dell'agevolazione, per cui la sanzione applicata sarà quella dell'indebita compensazione del credito non spettante (ad esempio perché c'è stato un utilizzo irregolare delle quote da compensare, magari per errata ripartizione annuale), la quale viene sanzionata nella misura del 30%.

È difficile, invece, che si applichi la sanzione per credito "inesistente"; in questo caso la sanzione è ben più rilevante,

---

[130] Si applicano le attribuzioni e i poteri previsti dagli articoli 31 e seguenti del decreto del Presidente della Repubblica 29 settembre 1973, n. 600, e successive modificazioni.

[131] Nei termini di cui all'articolo 43 del d.p.r 29 settembre 1973, n. 600 e all'articolo 27, commi da 16 a 20, del decreto-legge 29 novembre 2008, n. 185, convertito, con modificazioni dalla legge 28 gennaio 2009, n. 2.

in quanto si va da un minimo del 100% ad un massimo del 200% del credito fiscale portato in detrazione[132].

La <u>responsabilità per indebita fruizione dell'agevolazione</u> è invece **unicamente in capo al contribuente** (e indirettamente ai professionisti che lo hanno seguito se non hanno svolto correttamente il loro compito). Questo accade per esempio per spese non detraibili, se non c'è il rispetto dei requisiti formali, ecc.

L'articolo 121 del DL Rilancio, commi 5 e 6, evidenzia infatti che, qualora sia accertata la mancata sussistenza, anche parziale, dei requisiti che danno diritto alla detrazione d'imposta, l'Agenzia delle Entrate provvede al recupero dell'importo corrispondente alla detrazione non spettante nei confronti dei soggetti che l'hanno richiesta.

Tale importo viene maggiorato degli interessi[133] e delle sanzioni applicabili[134]. La sanzione sarà, nella maggior parte dei casi, pari al 30% dell'imposta non versata a causa dell'indebita fruizione dell'agevolazione.

Il termine di decadenza dei controlli è, in questo caso, il **31 dicembre del quinto anno successivo a quello di presentazione della dichiarazione oppure quello in cui è commessa la violazione in caso di cessione del credito o sconto in fattura.**

Il recupero dell'importo è effettuato nei confronti del soggetto beneficiario ferma restando, in presenza di concorso nella violazione, anche la responsabilità in solido del fornitore che ha applicato lo sconto e dei cessionari per

---

[132] Art. 13 comma 5 del D.Lgs. 471/1997
[133] Art. 20 del d.p.r. 29/10/1973 n.602.
[134] Art. 13 del decreto legislativo 18/12/1997 n.471.

il pagamento dell'importo in oggetto e dei relativi interessi[135].

Ricordiamo che i **professionisti** che rilasciano attestazioni ed asseverazioni non rispondenti a verità sono puniti con una **sanzione amministrativa pecuniaria compresa tra 50.000 e 100.000 euro, ed una reclusione da due a cinque anni.**

Se il fatto è commesso al fine di conseguire un ingiusto profitto per sé o per altri la pena è aumentata.

I tecnici devono quindi stipulare una **polizza assicurativa** della responsabilità civile con un **massimale adeguato all'importo dei lavori asseverati.**

Viene introdotto, con la legge semplificazioni 2021, il comma 5-bis all'art. 119 Decreto Rilancio con cui si stabilisce che le violazioni meramente formali che non arrecano pregiudizio all'esercizio delle azioni di controllo, non comportano la decadenza delle agevolazioni fiscali limitatamente alla irregolarità od omissione riscontrata.

Nel caso in cui le violazioni riscontrate nell'ambito dei controlli da parte delle autorità competenti siano rilevanti ai fini dell'erogazione degli incentivi, la decadenza dal beneficio si applica limitatamente al singolo intervento oggetto di irregolarità od omissione.

---

[135] Oltre all'applicazione dell'articolo 9, comma 1 del decreto legislativo 18 dicembre 1997, n. 472.

Appendice A: qualche esempio di Istanze di interpello Superbonus

Classificazione sismica tardiva e passaggio da impianto unico a impianti separati

Risposta n. 127 del 24/02/2021

In caso di asseverazione della classificazione sismica tardiva, è possibile accedere al Superbonus?

La sostituzione dell'impianto di riscaldamento invernale costituto da un unico impianto termico con tre distinti impianti separati funzionali a tre unità immobiliari che si otterranno post frazionamento rientra tra gli interventi ammessi al Superbonus?

Con la risposta all'interpello n. 127/2021 giunge un nuovo chiarimento dall'Agenzia delle Entrate nel caso di un'asseverazione sismica integrata, in un secondo momento, alla presentazione di una SCIA per interventi finalizzati alla riduzione del rischio sismico con beneficio del Superbonus 110%.

Il quesito

L'istante è proprietario di un fabbricato composto da unica unità immobiliare residenziale, sul quale ha avviato un intervento di "ristrutturazione edilizia" (art. 3, comma 1, lett, d) del dpr 380/2001) attraverso la presentazione di una SCIA ordinaria (nel 2019) con inizio lavori differito.

In seguito alla presentazione della SCIA è stata rilasciata l'autorizzazione sismica (il 3 giugno 2020), e soltanto prima dell'inizio dei lavori (ad integrazione della SCIA) è stata inviata (il 23 giugno 2020) l'asseverazione della classificazione sismica della costruzione prevista dal decreto del Ministero delle infrastrutture e dei trasporti n. 58/2017.

L'istante fa presente che l'intervento di ristrutturazione edilizia dell'unica unità immobiliare dalla quale si ricaveranno tre unità immobiliari distinte ma con ingresso comune, è finalizzato principalmente al:

- miglioramento di due classi delle prestazioni antisismiche dell'intero edificio;

- miglioramento energetico mediante un intervento sull'involucro dell'intero edificio e la sostituzione dell'impianto di riscaldamento invernale costituto da un unico impianto termico con tre distinti impianti separati funzionali alle tre unità immobiliari che si otterranno post frazionamento.

L'istante chiede se il miglioramento di due classi delle prestazioni antisismiche dell'intero edificio derivante dalla parziale demolizione e ricostruzione (senza variazione di volume) possa rientrare nelle agevolazioni previste dal sismabonus al 110%.

Il parere dell'Agenzia delle Entrate

Le Entrate fanno presente che, l'articolo 3 del decreto ministeriale n. 58/2017, in vigore alla data di presentazione della SCIA, prevedeva che alla predetta segnalazione fosse allegata (per l'accesso alle detrazioni) anche l'asseverazione del progettista dell'intervento strutturale della classe di rischio dell'edificio prima dei lavori e quella conseguibile dopo l'esecuzione dell'intervento progettato.

Pertanto, per le Entrate è chiaro che un'asseverazione tardiva, in quanto non conforme alle disposizioni sopra richiamate, non consente l'accesso alla detrazione (circolare 8 luglio 2020, n. 19/E).

Successivamente, il decreto del Ministero delle infrastrutture e dei trasporti del 9 gennaio 2020, n. 24 ha modificato il predetto articolo 3 del decreto ministeriale n. 58/2017, il quale attualmente prevede che:

*"il progetto degli interventi per la riduzione del rischio sismico e l'asseverazione di cui al comma 2, **devono essere allegati alla segnalazione certificata di inizio attività o alla richiesta di permesso di costruire**, al momento della presentazione allo sportello unico competente (art. 5 del dpr 380/2001) per i successivi adempimenti, tempestivamente e comunque prima dell'inizio dei lavori"*

Tale disposizione, tuttavia, si applica con riferimento ai titoli abilitativi richiesti a partire dalla data di entrata in vigore del decreto modificativo e, pertanto, dal 16 gennaio 2020.

Ne deriva, dunque, che, nel caso di specie, per gli interventi di riduzione del rischio sismico, **l'istante non può accedere né al sismabonus né al Superbonus** ma potrebbe beneficiare del sismabonus "classico" con detrazione del 50% delle spese sostenute nel limite massimo di spesa di euro 96.000 (articolo 16, comma 1, del decreto-legge n. 63/2013).

Anche in merito al quesito relativo alla sostituzione dell'impianto l'Agenzia esprime parere negativo.

Le Entrate ricordano che è ammissibile la trasformazione degli impianti individuali autonomi in impianti di climatizzazione invernale centralizzati con contabilizzazione del calore. È invece esclusa la trasformazione o il passaggio da impianti di climatizzazione invernale centralizzati per l'edificio o il complesso di edifici ad impianti individuali autonomi (punto 10 dell'Allegato A dl 63/2013).

Quindi, nel caso l'istante voglia ricavare da un unico impianto di riscaldamento tre impianti distinti per ciascuna delle tre unità immobiliari derivanti da frazionamento, **non potrà usufruire né dell'ecobonus né dell'aliquota al 110% (Superbonus)**.

Abitazione indipendente con più particelle catastali

Risposta n. 122 del 22/02/2021

È possibile accedere al Superbonus nel caso di un'abitazione indipendente anche se catastalmente è suddivisa in più unità?

Si, deve essere però fiscalmente considerata unita. Con l'interpello n. 122/2021, l'Agenzia delle Entrate chiarisce le caratteristiche che un immobile deve possedere fiscalmente/catastalmente per essere considerato un'abitazione indipendente.

Il quesito

L'Istante dichiara che l'edificio che costituisce l'abitazione principale della sua famiglia risulta costituito da tre particelle catastali, acquisite e ristrutturate in tempi diversi.

L'Istante evidenzia che le tre particelle catastali risultano essere strettamente connesse e praticamente inutilizzabili singolarmente a fini residenziali, infatti:

- nelle prime due unità immobiliari è presente la "zona notte";

- la terza, destinata a zona giorno, ospita la cucina ed una parte destinata a soggiorno.

L'Istante dichiara che catastalmente le tre particelle sono state unite ai fini fiscali, come risulta dall'annotazione presente nella visura catastale.

Il Contribuente rappresenta che tali particelle catastali rappresentano "di fatto" un'unica residenza, essendo:

- dotate di un unico contatore ENEL;

- esentate dal Comune dal pagamento dell'IMU, in quanto tutte e tre insieme considerate "prima casa".

Egli chiede se possa usufruire del Superbonus per tutte e tre le particelle contemporaneamente, considerato che costituiscono un'unica unità indipendente.

Il parere dell'Agenzia delle Entrate

Le Entrate premettono che per edificio unifamiliare si intende un'unica unità immobiliare di proprietà esclusiva, funzionalmente indipendente, che disponga di uno o più accessi autonomi dall'esterno e destinata all'abitazione di un singolo nucleo familiare.

L'Agenzia rileva poi che le unità immobiliari, sulle quali l'Istante intende effettuare interventi di efficientamento energetico rientranti nel Superbonus, sono riconducibili alla fattispecie esaminata dalla circolare n. 27/E del 2016 al paragrafo 1.7, laddove è stato chiarito che:

"non è, di norma, ammissibile la fusione di unità immobiliari, anche se contigue, quando per ciascuna di esse sia riscontrata l'autonomia funzionale e reddituale, e ciò indipendentemente dalla titolarità di tali unità.

Tuttavia, se a seguito di interventi edilizi vengono meno i menzionati requisiti di autonomia, pur essendo preclusa la possibilità di fondere in un'unica unità immobiliare i due originari cespiti in presenza di distinta titolarità, per dare evidenza negli archivi catastali dell'unione di fatto ai fini fiscali delle eventuali diverse porzioni autonomamente censite, è necessario presentare due distinte dichiarazioni di variazione, relative a ciascuna delle menzionate porzioni [...]"

Ciò posto, tenuto conto della normativa e della prassi illustrate, nonché delle precisazioni formulate dall'Istante riguardo alla stretta interconnessione delle particelle catastali in questione unite ai fini fiscali, come risulta dall'annotazione presente nella visura catastale, costituenti un'unica residenza, **si ritiene che l'unità residenziale descritta nell'istanza, (solo formalmente costituita da tre distinte particelle catastali), debba considerarsi come un'unica unità residenziale unifamiliare, con conseguente applicazione di un unico limite di spesa ai fini della fruizione del Superbonus.**

Unità collabenti con successivo frazionamento

Risposta n. 121 del 22/02/2021

Nel caso di un intervento di demolizione e ricostruzione, con stessa forma e dimensione, di un fabbricato pericolante, composto da due unità immobiliari c.d. "collabenti", con frazionamento in sei unità immobiliari, come si contano le unità immobiliari per la definizione dei limiti di spesa massimi per i diversi interventi?

Il quesito

L'Istante dichiara che il fabbricato (composto da due unità collabenti), è privo di impianto di riscaldamento ed ubicato in zona montana non servita dalle reti del gas, dell'acqua potabile e della fognatura pubblica ma solo da corrente elettrica.

Lo stesso intende realizzare gli impianti (reflui, adduzione e riscaldamento) a servizio sia del fabbricato da demolire e ricostruire, sia di un'altra unità immobiliare che è attigua, già esistente (di seguito chiamato "casottino").

In aggiunta ai lavori di demolizione e ricostruzione l'Istante intende:

- eseguire interventi antisismici e di riduzione del rischio sismico sull'edificio;

- istallare un impianto di riscaldamento centralizzato con caldaia a legna per servire oltre le 6 unità abitative, anche il cd. "casottino" (altra unità autonoma censita come unità immobiliare C/3, priva di impianto di riscaldamento) vicino al fabbricato in questione;

- eseguire interventi di isolamento termico dell'edificio (composto dalle due unità collabenti) con il miglioramento di due classi energetiche sull'edificio (composto dalle due unità collabenti) e del "casottino".

Al fine di poter beneficiare delle agevolazioni previste dagli articoli 119 e 121 del decreto-legge 19 maggio 2020, n. 34, in relazione agli interventi che intende realizzare sulle "unità collabenti" e sulla unità indipendente (cd. "casottino") chiede di conoscere quante unità immobiliari devono essere considerate per la definizione dei limiti di spesa massimi.

Il parere dell'Agenzia delle Entrate

Con riferimento al caso di specie si ritiene che il contribuente, nel rispetto di ogni altra condizione richiesta dalla norma agevolativa, **possa fruire della detrazione prevista dal decreto rilancio (Superbonus) in relazione agli interventi relativi alla riduzione del rischio sismico "sismabonus" che prevedono la demolizione e ricostruzione del fabbricato classificato nella categoria catastale F/2 (due unità collabenti)** sempreché gli interventi realizzati mediante demolizione e ricostruzione siano inquadrabili nella categoria della "ristrutturazione edilizia" ai sensi dell'articolo 3, comma 1, lettera. d), del d.P.R. 6giugno 2001, n. 380.

La spesa massima ammissibile è di 96.000 euro moltiplicato per il numero di due unità collabenti F/2, così come indicati dall'Istante all'inizio dei lavori e non quelle risultanti alla fine dei lavori. Rientrano nel richiamato limite di spesa anche gli interventi di manutenzione ordinaria e straordinaria quali, ad esempio, il rifacimento delle pareti esterne e interne, dei pavimenti, dei soffitti, dell'impianto idraulico ed elettrico necessarie per completare l'intervento nel suo complesso delle due unità collabenti F/2.

In considerazione del fatto che il complesso immobiliare oggetto dell'intervento è costituito da due unità collabenti, prive di impianto di riscaldamento, **le spese per gli interventi di efficientamento energetico non possono essere ammesse al Superbonus**.

La predetta agevolazione non spetta neanche con riferimento alle spese di efficientamento energetico afferenti all'unità immobiliare autonoma definita "casottino", anche essa sprovvista di impianto di riscaldamento.

L'istante potrà beneficiare del Superbonus limitatamente alle spese sostenute per interventi antisismici dal 1° luglio 2020 al 30 giugno 2022, indipendentemente dalla data di effettuazione degli interventi ovvero nell'ipotesi che - alla data del 30 giugno 2022 sia stato effettuato almeno il 60 percento dell'intervento complessivo - per le spese sostenute entro il 31 dicembre 2022.

Unità funzionalmente indipendente

Risposta n. 116 del 16/02/2021

Un'abitazione, disposta su due piani, che costituisce porzione di un più ampio immobile, suddiviso in più alloggi residenziali, avente accesso indipendente e dotato di diversi manufatti ad uso esclusivo, può essere considerata unità immobiliare funzionalmente indipendente?

Il quesito

Il Contribuente rappresenta che l'appartamento in questione è dotato di:

- serbatoio esclusivo di gas;

- impianto esclusivo di riscaldamento e acqua calda sanitaria;

- impianto per l'energia elettrica esclusivo, con contatore regolarmente allacciato alla rete distributiva;

- impianto idrico dotato di un contatore unico (di fatto un'unica utenza comune) posto a circa 1 km dall'edificio condominiale in prossimità del quale, in corrispondenza della diramazione ad ogni singola unità, vi è un contatore esclusivo di ripartizione e contabilizzazione;

- gli impianti di deiezione e depurazione dei reflui civili sono esclusivi, ma solo finché non convogliati verso un depuratore comune.

L'Istante chiede se l'abitazione possa considerarsi unità immobiliare funzionalmente indipendente per poter accedere al Superbonus.

Il parere dell'Agenzia delle Entrate

L'unità abitativa in questione può ritenersi "funzionalmente indipendente", risultando dotata di almeno tre installazioni o manufatti di proprietà esclusiva tra «impianti per l'approvvigionamento idrico; impianti per il gas; impianti per l'energia elettrica; impianto di climatizzazione invernale».

Ne consegue che all'Istante, in relazione agli interventi ammissibili che intende realizzare sull'unità abitativa, in presenza dei requisiti e delle condizioni normativamente previste, non è precluso l'accesso al Superbonus.

Scarico fognario comune

Risposta n. 115 del 16/02/2021

Può essere considerata "unità funzionalmente indipendente" un'unità immobiliare autonoma che condivide, con un'altra unità immobiliare, il solo scarico di fogna nera?

Il quesito

L'Istante riferisce di aver acquistato un'unità immobiliare autonoma che condivide, con un'altra unità immobiliare, il solo scarico di fogna nera. Su tale immobile, l'Istante intende eseguire interventi finalizzati all'efficientamento energetico e beneficiare dell'agevolazione di cui agli articoli 119 e 121 del decreto-legge 19 maggio 2020, n. 34 (Superbonus).

A tal fine, l'Istante chiede di sapere se la predetta unità immobiliare possa essere considerata "funzionalmente indipendente", ai sensi del citato articolo 119 del d.l. n.34 del 2020.

Il parere dell'Agenzia delle Entrate

Con riferimento al caso in esame si ritiene che, nel presupposto che l'unità immobiliare a destinazione residenziale, sia «funzionalmente indipendente» e quindi dotata di almeno tre impianti di proprietà esclusiva tra quelli per l'acqua, per il gas, per l'energia elettrica e per il riscaldamento, e disponga di un accesso autonomo dall'esterno, nel rispetto di ogni altra condizione richiesta dalla normativa e ferma restando l'effettuazione di ogni adempimento richiesto, **l'Istante potrà accedere al**

Superbonus con riferimento all'unità immobiliare di sua proprietà ad uso residenziale.

Spogliatoi in associazione sportiva dilettantistica

Risposta n. 114 del 16/02/2021

Una "associazione sportiva dilettantistica", che ha in essere una Convenzione con il Comune per la gestione del Palazzetto dello sport di cui è proprietario, può accedere al Superbonus in relazione agli interventi agevolabili che intende realizzare negli spogliatoi dell'immobile affidato in gestione?

Il quesito

L'Istante dichiara di essere una "associazione sportiva dilettantistica" iscritta nell'apposito Registro istituito dal CONI e di avere come finalità lo sviluppo e la diffusione delle attività sportive intese come mezzo di formazione psico-fisica e morale, nonché la gestione di attività agonistiche, ricreative, comprese le attività culturali, di svago e di tempo libero.

Per il perseguimento delle citate finalità, avvalendosi prevalentemente delle prestazioni volontarie, personali e gratuite dei propri aderenti, l'Istante riferisce di gestire impianti abilitati alla pratica sportiva e di organizzare gare, campionati e manifestazioni sportive.

A tal riguardo, l'Associazione evidenzia che è vigente e pienamente operativa, ai sensi dell'articolo 90, comma 25, della legge 27 dicembre 2002, n. 289 e s.m.i, una Convenzione con il Comune per la gestione del Palazzetto dello sport di cui è proprietario, "costituito da un impianto sportivo polivalente coperto con due campi da gioco, una palazzina servizi - spogliatoi e relative aree scoperte pertinenziali". La stessa riferisce che "la Convenzione è stata stipulata nella forma della scrittura privata non autenticata, soggetta a registrazione in caso d'uso".

Ciò posto, l'Istante chiede se la citata Convenzione sia titolo di possesso idoneo al fine di accedere al Superbonus di cui all'articolo 119 citato decreto Rilancio in relazione agli interventi agevolabili che intende realizzare negli spogliatoi dell'immobile affidato in gestione.

Il parere dell'Agenzia delle Entrate

Con riferimento al caso di specie, in presenza dei requisiti e delle condizioni normativamente previsti, previo assenso del Comune proprietario all'esecuzione dei lavori da parte del concessionario, **è ammesso l'accesso al Superbonus in relazione alle spese sostenute per la realizzazione di interventi ammissibili relativi all'immobile o parte di esso adibito a spogliato.**

Edifici in supercondominio con interventi trainanti diversi

Risposta n. 94 del 08/02/2021

Se in un supercondominio vengono eseguiti diversi interventi di efficienza energetica sui vari edifici che ne fanno parte, il salto delle due classi energetiche va verificato per il supercondominio o per ciascun singolo condominio?

Il quesito

L'Istante riferisce di essere l'amministratore di un "supercondominio", formato da più edifici in condominio ognuno con proprio civico e codice fiscale, e che l'assemblea dei condòmini ha deliberato la riqualificazione della centrale termica a servizio di tutti gli edifici.

Fa presente, inoltre, che, al fine di fruire del c.d. Superbonus, in alcuni condomìni facenti parte del predetto supercondominio, i condòmini hanno deliberato di realizzare anche lavori di isolamento termico delle facciate e del tetto dai quali conseguirà l'aumento di due classi energetiche degli edifici interessati.

Ciò posto, l'Istante chiede quale sia la detrazione spettante, rispettivamente, ai condòmini che hanno deliberato anche lavori di isolamento termico delle facciate e del tetto, al fine di assicurare, congiuntamente alla sostituzione dell'impianto termico, il miglioramento di due classi energetiche degli edifici e ai condòmini che, invece, hanno deliberato solo la predetta sostituzione dell'impianto termico.

Il dubbio interpretativo, in particolare, deriverebbe, a parere dell'Istante, dal fatto che ogni condominio ha il proprio codice fiscale e che l'ottenimento dell'agevolazione fiscale dipende anche dalla sostituzione della centrale termica del supercondominio che, a sua volta, ha un proprio codice fiscale.

Il parere dell'Agenzia delle Entrate

Con riferimento agli interventi prospettati nell'istanza di interpello, preliminarmente si osserva che nella citata Circolare n. 24/E del 2020 è stato chiarito che, per quanto riguarda l'individuazione delle parti comuni interessate dall'agevolazione, è necessario far riferimento all'articolo 1117 del codice civile, ai sensi del quale **sono parti comuni, tra l'altro, il suolo su cui sorge l'edificio, i tetti e i lastrici solari nonché le opere, le installazioni, i manufatti di qualunque genere che servono all'uso e al godimento comune, come gli impianti per l'acqua, per il gas, per l'energia elettrica, per il riscaldamento e simili fino al punto di diramazione degli impianti ai locali di proprietà esclusiva dei singoli condòmini.**

Con riferimento, inoltre, al supercondominio si fa presente che l'articolo 1117-bis del codice civile, introdotto dalla legge 11 dicembre 2012, n. 220, stabilisce che le disposizioni in materia di condominio negli edifici «si applicano, in quanto compatibili, in tutti i casi in cui più unità immobiliari o più edifici ovvero più condominii di unità immobiliari o di edifici abbiano parti comuni ai sensi dell'articolo 1117».

In sostanza, viene recepita l'elaborazione giurisprudenziale formatasi in ordine al cd. supercondominio, in base alla quale s'intende per tale la fattispecie legale che si riferisce ad una pluralità di edifici, costituiti o meno in distinti condomini, ma compresi in una più ampia organizzazione condominiale, legati tra loro dall'esistenza di talune cose, impianti e servizi comuni (quali il viale d'accesso, le zone verdi, l'impianto di illuminazione, la guardiola del portiere, il servizio di portierato, etc.) in rapporto di accessorietà con i fabbricati.

Tanto premesso, si fa presente che nella circolare n. 30/E del 2020, rispondendo al quesito 5.2.4, è stato precisato che qualora in un condominio costituito da più edifici, la sostituzione dell'impianto termico centralizzato non consenta il miglioramento di due classi energetiche ma tale risultato è raggiunto solo per alcuni edifici oggetto di ulteriori interventi trainanti o trainati, **possono accedere al Superbonus solo i condòmini che possiedono le unità immobiliari all'interno degli edifici oggetto dei predetti ulteriori interventi.** In tale caso, **la verifica del rispetto dei requisiti necessari per accedere al Superbonus va effettuata con riferimento a ciascun edificio e, in particolare, il doppio passaggio di classe è attestata mediante gli appositi A.P.E. convenzionali ante e post intervento, redatti per i singoli edifici oggetto degli interventi.**

Possono, invece, accedere, nel rispetto delle condizioni previste, all'ecobonus di cui all'articolo 14 del decreto-legge n. 63 del 2013, gli altri condòmini che possiedono le unità immobiliari all'interno degli edifici che - con il solo intervento di sostituzione dell'impianto termico centralizzato - non raggiungono il miglioramento di due classi energetiche.

Ad analoghe conclusioni si perviene anche con riferimento all'ipotesi prospettata nell'istanza di interpello atteso che, in base a quanto stabilito dal citato articolo 1117-bis del codice civile, al "supercondominio" si applicano le medesime regole, comprese quelle relative alla imputazione ai singoli condòmini delle spese riferite alle parti comuni, nonché i medesimi obblighi previsti in materia di condominio negli edifici.

Pertanto, nel caso di specie, il Superbonus spetta con riferimento alle spese sostenute dai condòmini che hanno deliberato di realizzare anche l'isolamento termico delle facciate e del tetto dal quale conseguirà, unitamente alla sostituzione dell'impianto termico a servizio dell'intero supercondominio, il miglioramento di due classi energetiche, fermi restando gli adempimenti da attuare ai fini della detrazione che non sono oggetto dell'istanza di interpello.

Risulta irrilevante, ai fini di cui sopra, la circostanza che ogni condominio abbia il proprio codice fiscale e che la possibilità di fruire del Superbonus sia subordinata anche alla sostituzione della centrale termica del supercondominio che ha, a sua volta, un proprio codice fiscale.

Appendice B: confronto valori trasmittanze tra i vari incentivi e interventi

La trasmittanza termica U delle superfici disperdenti è il parametro principale a cui la normativa fa riferimento nell'ambito degli interventi di efficientamento energetico degli involucri edilizi.

L'introduzione di un nuovo tipo di detrazione fiscale, il Superbonus, e l'arrivo del 2021 hanno segnato il passaggio a nuovi valori di trasmittanza termica limite U richiesta (espressa in W/m^2K) per le strutture edilizie che costituiscono gli edifici.

Questo fatto ha creato un po' di confusione nella individuazione del corretto valore di trasmittanza da usare come riferimento nelle diverse situazioni.

Si è pertanto pensato di aiutare il lettore riportando una tabella comparativa indicante i valori limite, validi dal 2021, dei parametri caratteristici degli elementi edilizi negli edifici, nelle seguenti casistiche:

- edificio esistente, riqualificato energeticamente, per il quale si voglia beneficiare dell'incentivo Superbonus 110%;

- edificio esistente, riqualificato energeticamente, per il quale si voglia beneficiare dell'incentivo Ecobonus ordinario 50-65%;

- edificio esistente, ristrutturato, per il quale si voglia beneficiare dell'incentivo Bonus Casa 50%;

- edificio di nuova costruzione, o demolizione e ricostruzione, o con ampliamento e sopra elevazione;

- edificio esistente, riqualificato energeticamente, per il quale non si richiedano detrazioni fiscali.

		U limite (W/m^{2}K)				
		DM 06 agosto 2020		DM 26 giugno 2015		
Tipologia di intervento	Zona climatica	Superbonus 110%	Ecobonus ordinario 50-65%	Bonus Casa 50%	Edificio nuova costruzione (L.10/91)	Edificio esistente soggetto a riqualificazione energetica (L.10/91)
Strutture opache orizzontali: isolamento coperture	A	0,27	0,27	0,32	0,35	0,32
	B	0,27	0,27	0,32	0,35	0,32
	C	0,27	0,27	0,32	0,33	0,32
	D	0,22	0,22	0,26	0,26	0,26
	E	0,2	0,2	0,24	0,22	0,24
	F	0,19	0,19	0,22	0,2	0,22
Strutture opache orizzontali: isolamento pavimenti	A	0,4	0,4	0,42	0,44	0,42
	B	0,4	0,4	0,42	0,44	0,42
	C	0,3	0,3	0,38	0,38	0,38
	D	0,28	0,28	0,32	0,29	0,32
	E	0,25	0,25	0,29	0,26	0,29
	F	0,23	0,23	0,28	0,24	0,28
Strutture opache verticali: isolamento pareti perimetrali	A	0,38	0,38	0,4	0,43	0,4
	B	0,38	0,38	0,4	0,43	0,4
	C	0,3	0,3	0,36	0,34	0,36
	D	0,26	0,26	0,32	0,29	0,32
	E	0,23	0,23	0,28	0,26	0,28
	F	0,22	0,22	0,26	0,24	0,26
Sostituzione di finestre comprensive di infissi	A	2,6	2,6	3	3	3
	B	2,6	2,6	3	3	3
	C	1,75	1,75	2	2,2	2
	D	1,67	1,67	1,8	1,8	1,8
	E	1,3	1,3	1,4	1,4	1,4
	F	1	1	1	1,1	1

I valori di trasmittanza delle strutture opache per gli edifici di nuova costruzione, per gli edifici esistenti soggetti a riqualificazione energetica e per l'accesso al Bonus Casa (ultime tre colonne della tabella), si considerano comprensivi dell'effetto dei ponti termici. Mentre il calcolo della trasmittanza per le detrazioni fiscali Superbonus ed Ecobonus ordinario non include il contributo dei ponti termici.

Nel caso in cui nella struttura opaca fossero presenti aree di spessore ridotto, quali sottofinestre e altri componenti, i limiti devono essere rispettati con riferimento alla trasmittanza media della rispettiva facciata.

Nel caso di strutture delimitanti lo spazio climatizzato verso ambienti non climatizzati, i valori limite di trasmittanza devono essere rispettati dalla trasmittanza della struttura diviso per il fattore di correzione dello scambio termico tra ambiente climatizzato e non climatizzato, ricavabile dalla norma UNI TS 11300-1.

Nel caso di strutture rivolte verso il terreno, i valori limite di trasmittanza devono essere rispettati dalla trasmittanza equivalente della struttura tenendo conto dell'effetto del terreno.

I riferimenti normativi del Bonus Casa e dell'Ecobonus ordinario sono i seguenti:

- Bonus Casa ex art. 16 bis del DPR 917/86
- Ecobonus ordinario ex legge 296/2006, DL 63/2013

Appendice C: nuove scadenze

SCADENZE BONUS
ECOBONUS, SISMABONUS, BONUS FACCIATE, BONUS CASA, BONUS MOBILI

PERSONE FISICHE (EDIFICI UNIFAMILIARI)

110% 31 marzo 2023, se entro 30/09/2022 terminato almeno 30% intervento complessivo

90% 31 dicembre 2023

CONDOMINI, EDIFICI DA 2 A 4 U.I. UNICO PROPRIETARIO O IN COMPROPRIETA', ONLUS, ODV, APS
COMPRESO DEMOLIZIONE E RICOSTRUZIONE

110% 31 dicembre 2023 (caso A)
90% 31 dicembre 2023 (caso B)
70% 31 dicembre 2024
65% 31 dicembre 2025

IACP E COOPERATIVE

110% 30 giugno 2023

110% 31 dicembre 2023, se entro 30/06/2023 terminato almeno 60% intervento complessivo

SUPERBONUS 110% RAFFORZATO
(+50%) TERRITORI COLPITI DA SISMA DAL 1 APRILE 2009

110% 31 dicembre 2025

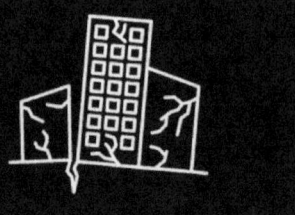

FOTOVOLTAICO, ACCUMULO, COLONNINE DI RICARICA

Stessa scadenza interventi trainanti associati

BONUS FACCIATE

Terminato!

BONUS ORDINARI

MAX 10.000 € (2022)
MAX 5.000€ (2023-24)

ECOBONUS, SISMABONUS, BONUS CASA, BONUS MOBILI, BONUS VERDE

31 dicembre 2024

NUOVO BONUS BARRIERE ARCHITETTONICHE

unifamiliari   cond.<8 UI   cond.>8 UI
MASSIMALI DEDICATI (50.000/40.000/30.000) AMMESSA CESSIONE DEL CREDITO/SCONTO IN FATTURA

75% 31 dicembre 2025

CESSIONE DEL CREDITO - SCONTO IN FATTURA

110% 31 dicembre 2025

ALTRI BONUS 31 dicembre 2024

PREZZARI REGIONALI E DEI PER TUTTI GLI INTERVENTI

**DOPPIA VERIFICA CONGRUITÀ PREZZI
CON L'ALLEGATO A DEL DECRETO PREZZI MITE
A PARTIRE DAL 15 APRILE 2022**

Appendice D: dati di utilizzo del Superbonus 110%

Per tua curiosità si è pensato di riportare un estratto di Enea con i dati di utilizzo del Superbonus al 31 dicembre 2022.

A partire dal 1° settembre 2021, con cadenza mensile, ENEA pubblica i dati nazionali e regionali, relativi all'utilizzo del Superbonus 110%.

In particolare, si tratta di 22 tabelle, di cui la prima contenente i dati nazionali e le successive i dati per ciascuna Regione. Infine, una tabella riepilogativa.

I dati resi noti sono:

- il numero delle asseverazioni caricate sul sito dedicato;
- il valore assoluto degli investimenti ammessi alla detrazione;
- i valori assoluti e percentuali dei lavori già completati.

Inoltre, sono specificati i dati per i lavori relativi a condomini, edifici unifamiliari e unità immobiliari indipendenti.

Qui riporto solo la tabella con il totale nazionale, ma puoi trovare tutti i report sul sito Enea, al link

https://www.efficienzaenergetica.enea.it/detrazioni-fiscali/superbonus/risultati-superbonus.html

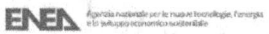  
Super Ecobonus 110%   31 dicembre 2022

		Totale nazionale			
			% lavori realizzati	% edifici	% Invest.
N. di assevrerzioni		359.440			
Totale investimenti ammessi a detrazione		62.493.729.809,17 €			
Totale investimenti per lavori conclusi ammessi a detrazione		46.630.675.188,08 €	74,6%		
Detrazioni previste a fine lavori		68.743.102.790,09 €	Onere a carico dello Stato		
Detrazioni maturate per i lavori conclusi		51.293.742.706,89 €			
di cui	**Condomini**				
	N. di asseverazioni condominiali	48.087		13,4%	
	Tot. Inv. Condominiali	28.795.132.341,70 €			46,1%
	Tot. Lavori Condominiali realizzati	20.166.789.149,53 €	70,0%		
	Edifici unifamiliari				
	N. di asseverazioni in edifici unifamiliari	208.622		58,0%	
	Tot. Inv. in edifici unifamiliari	23.732.416.331,07 €			38,0%
	Tot. Lavori in edifici unifamiliari realizzati	18.269.088.952,23 €	77,0%		
	U.I. funzionalmente indipendenti				
	N. di asseverazioni in unità immob. Indipendenti	102.725		28,6%	
	Tot. Inv. in unità immob. indipendenti	9.965.340.727,31 €			15,9%
	Tot. Lavori in unità immob. indipendenti realizzati	8.194.122.318,19 €	82,2%		

	Investimento medio
Condomini	598.813,24 €
Edifici unifamiliari	113.757,98 €
U.I. funzionalmente indipendenti	97.009,89 €

Conclusioni

Come abbiamo detto all'inizio di questo libro, con l'introduzione del Superbonus il Governo si prefigge di raggiungere molteplici traguardi ambiziosi.

Da un lato viene data una forte iniezione all'economia mettendo in movimento l'attività di una miriade di fornitori che vedranno moltiplicarsi i fatturati nel breve termine. Dall'altro lato viene aumentato il livello di benessere e ricchezza dei cittadini che potranno ristrutturare la propria casa in un modo davvero efficiente, valorizzando il proprio patrimonio immobiliare e riducendo drasticamente i futuri consumi energetici per quanto attiene al riscaldamento degli edifici.

Come ultima benefica conseguenza avremo che la drastica riduzione dei consumi di energia da combustione, unita all'incentivato utilizzo delle energie verdi, porterà ad un minor inquinamento atmosferico, nell'ottica dello sviluppo sostenibile che ogni nazione della Comunità Europea è ormai tenuta ad attuare.

Un progetto così ampio ed ambizioso si è perfezionato attraverso una serie di decreti-legge che si sono susseguiti con ritmo incalzante sovrapponendosi o inglobando a volte decreti precedenti e creando talvolta un po' di smarrimento in chi cercava di capirne il meccanismo.

Parliamoci chiaro: il Superbonus ha un iter complesso e per molti aspetti nuovo, in quanto deve certificare in maniera sicura un miglioramento energetico non indifferente (le famose due classi energetiche) e deve evitare le pur sempre possibili speculazioni di fronte ad un incentivo di tale entità.

L'Agenzia delle Entrate ha cercato di dirimere dubbi e fornire integrazioni ai decreti emettendo circolari e rispondendo ad una nutrita serie di FAQ relative a tutti gli aspetti dell'iter burocratico legato al Superbonus, dando il suo responso chiarificatore.

Ne risulta che le regole del Superbonus vanno ricercate in una serie di decreti ed in svariati documenti ufficiali emessi da vari organismi statali ad integrazione o modifica delle regole inizialmente scritte nel Decreto Rilancio.

Lo scopo di questo libro, ed a nostro avviso il suo pregio maggiore, è quello di costituire un documento che raccoglie, nell'arco di pochi capitoli, tutte le informazioni e regole essenziali per accedere all'incentivo del 110%, mettendo insieme materiale presente in una lunga serie di documenti ufficiali.

È stata nostra cura, inoltre, rendere il libro di facile consultazione, in modo che possa essere considerato come uno strumento utile e pratico per chi vuole intraprendere l'emozionante iter di accesso a questa, a nostro avviso imperdibile, opportunità di incentivazione.